根

以讀者爲其根本

莖

用生活來做支撐

引發思考或功用

獲取效益或趣味

幼兒這樣吃最健康

優質寶貝

王彥懿◎著

優質寶貝——幼兒這樣吃最健康

作　　者：王彥懿
出 版 者：葉子出版股份有限公司
發 行 人：宋宏智
企劃主編：鄭淑娟
行銷企劃：汪君瑜
文字編輯：張雅惠
內頁繪圖：黃艾芷、陳盈帆
美術設計：小題大作
印　　務：許鈞棋
專案行銷：吳明潤、張曜鐘、林欣穎、吳惠娟、葉書含
登 記 證：局版北市業字第677號
地　　址：台北市新生南路三段88號7樓之3
電　　話：（02）2366-0309　　傳真：（02）2366-0313
讀者服務信箱：service@ycrc.com.tw
網　　址：http://www.ycrc.com.tw
郵撥帳號：19735365　　戶名：葉忠賢
印刷：鼎易印刷事業事業股份有限公司
法律顧問：北辰著作權事務所
初版一刷：2004年 11 月　　新台幣：280元
ISBN：986-7609-44-1

國家圖書館出版品預行編目資料

優質寶貝：幼兒這樣吃最健康 / 王彥懿著. --
初版. -- 臺北市：葉子, 2004[民93]
面；　公分
ISBN 986-7609-44-1(平裝)

1. 育兒 2. 嬰兒食物
428.3　　93019613

總 經 銷：揚智文化事業股份有限公司
地　　址：台北市新生南路三段88號5樓之6
電　　話：(02)2366-0309
傳　　真：(02)2366-0310

值得重視的幼童營養問題

隨著出生人口的逐年銳減，小孩身心健康的品質日益受重視。寶寶的抵抗力比較弱，可能常常感冒、發燒，平均一年約有8到12次的上呼吸道感染，此乃因免疫系統發育未臻成熟，對抗細菌的能力比較差所致。該如何藉由飲食增加孩子的抵抗力，相信是所有為人父母者共同關心的問題。

身為一個小兒免疫科醫師，我會在門診強調餵食母乳：因為母乳是最好的營養品。母乳，尤其是分娩後的初乳，含有豐富的抗體及微量元素，有助於嬰幼兒的抗感染能力，因此喝母乳的孩子較少患病。儘可能延長哺育母乳時間有助於嬰幼兒免疫力的發展。此外攝取營養要充足均衡。四個月大之後慢慢添加一些副食品包括嬰兒麥粉或嬰兒米粉，七個月以後，就是蛋、魚……等逐一增加。為了兼顧多種營養成分之攝取，1到3歲幼童可補充具特殊提昇免疫力之配方牛奶例如維生素A、B、C、E及礦物質等。面對食欲不振的主訴，我會先檢查看看孩子是不是生病了，如果還好，則常是因為環境的因素及父母的態度，不需強迫餵食也不要服用促進食欲的藥物……。

儘管我努力地照本宣科，年輕父母還是滿腹疑團，為孩子的營養攝取憂心忡忡。可見理論與實務往往相去甚遠。本書作者王彥懿小姐以營養學家及稱職母親的雙重身分，用深入淺出的文字介紹了如何滿足不同時期孩童的不同營養需求，包括一些十分實用的生活起居的叮嚀，孩子生病時飲食照顧的重點等，她用親切而生動的筆調娓娓道來，並輔以引人入勝的童話故事情節來?寶寶陳述營養觀念，備見巧思也令人印象深刻。我鄭重推薦這本《優質寶貝－－幼兒這樣吃最健康》，並樂為之序。

長庚兒童醫院兒童氣喘過敏風濕科主任
林思偕

作者序

喜樂與緊張交織成的甜蜜樂章

因為整理這本書的資料，順手翻起寶寶從出生起的照片，也翻了翻他們的「飲食生活紀錄表」，腦子裡出現了一幕幕他們還在襁褓中的模樣：哥哥愛動、愛笑、對食物的興趣比寶貝玩具車低；弟弟愛哭、可以慢慢的吃、慢慢的吞、從小就愛看著哥哥耍寶，第一個會說出的稱呼是哥哥，兩兄弟對食物的要求和喜好完全不同，也考驗了當媽媽的耐力與功力。

雖然是學營養出身的，面對自己寶寶的食物選擇和教科書上的內容相呼應時，常常覺得總是不夠用，帶著寶寶長大時，才覺得自己也得一同跟著長大才行，手腳要更俐落有效率、情緒要更釋然而穩定、更深刻的體認了「態度要堅定、方法要多元、語氣要柔軟」的精隨，為了可以空出更多時間陪寶寶玩耍，簡單方便的烹煮方法，被一一揣摩出來。如果要說時間的流速是穩定的，這種說法對媽媽們簡直是太簡化了些，當一頓飯需要餵兩個小時，又不太可以亂發脾氣時，媽媽心理其實是「度秒如年」的，一方面心疼自己的時間又被浪費了，一方面也更想草草結束，卻又後悔沒有讓寶寶吃得夠，擔心營養不夠。總之，媽媽的情緒被寶寶牽動著，擔心、煩心、開心、生氣，總是隨時隨地的上演。

幸好有媽媽和阿姨們的經驗相傳，可以隨時電話請教對食物處理的方法和「撇步」，大大的降低了對食物處理過程中的信心不足症。烹調方法的傳承，結合了營養學的知識，把各類食物的比例抓對，利用各種烹調工具，省下了寶貴的時間陪著寶寶們互動和耍寶，不也就是許多新手媽媽們最需要的臨場資訊嗎?

要真心感謝爸爸媽媽的鼓勵、親愛的老公的支持，兩個寶貝兄弟對書中故事的審核和討論，阿姨們對烹調知識的傳承，還有淑娟的包容與指導，出版社幕後工作同仁的協助，讓這本書可以順利出版。也希望這本書在新手媽媽的廚房裡，可以略略就寶寶的營養學提供一些正確的訊息，幫忙減去媽媽們心中的不安，以較輕鬆的心態，和寶寶編織一個喜樂多於緊張的快樂樂章吧！

王彥懿

目.錄 c.o.n.t.e.n.t.s

目.錄 c.o.n.t.e.n.t.s

Part 1
快樂迎接新生命
0~12月的嬰兒期

恭禧您囉！手上捧著剛剛出生的新生兒，聞著寶寶獨特的奶香味，許多爸爸媽媽心裡總是很興奮，卻又很惶恐；不知道要怎麼判斷寶寶吃的夠不夠，不知道寶寶會冷還是會熱，不知道寶寶喜歡聽哪一種音樂，也不知道寶寶喜歡側著睡還是仰躺著睡。一堆疑問，總是日日夜夜困擾著新生兒的父母，興奮的心情混合著對問題的不確定，深深影響了新生兒家庭每個成員的情緒，也隨時隨地觸動著爸爸媽媽的神經。

的確，要照顧小寶寶不是一件容易的事，要依照自己的「原定計畫」照顧得無微不至，更是非常艱困的使命和挑戰，也常常因為出現許多無法掌控的因素與情境，讓爸爸媽媽措手不及。許多新手爸媽在孩子尚未出生前，已經先預習了應該注意的事項，但是當寶寶出生後卻常常發現，一些書籍的資料並沒有辦法完全套用在自己的寶貝身上，因而覺得更加挫敗。寶寶是一個無時不變的小天使，新手爸媽應該準備好見招拆招的心態和武功，以應付各種狀況，但是也同時要照顧好自己的生理與心理，才可以用比較愉悅的態度與方法，陪著孩子一起成長。

第一章

認識寶寶的身體

——生理的發展與變化

小寶貝在媽媽的肚子裡大約待了280天，等到肺臟的肺泡細胞發展已經大致成熟，可以應付在空氣中自然交換氣體的功能時，他就可以準備離開媽媽的身體了。剛出生的新生兒在身體的許多器官或組織的發育上，並沒有完全成熟，還需要一段時日繼續發展。發育過程中所需要的營養，將深深影響寶寶日後的整體發展，包括了基本的身體體位，例如身高、體重、頭圍、胸圍……等，也會影響孩子們的智力發育、神經系統、內分泌系統……等等。這些生理基本功能的發展和營養供應是否合宜，常常互為因果，也是新生兒家庭中，首要的任務與考驗。

消化道能力

許多爸爸媽媽都知道新生兒最好吃母奶，除非因特殊狀況無法提供母奶，也要選擇適當的配方奶品，以提供孩子的基本營養。主要的原因是新生兒的腸胃道並沒有辦法消化一般的食物，他對於一般食物中所提供的醣類、蛋白質、與脂肪的種類和比例，和其他多種礦物質或維生素的吸收能力，都因為腸胃道中的酵素系統還沒有準備妥當，因此無法接受一般食物中的營養。而母乳的營養比例，會隨著寶寶的成長需求而調整，只要媽媽的營養攝取均衡，寶寶自然而然就可以很方便地得到他成長中所需要的養分。因此，母乳是媽媽給寶寶的第一份禮物，千萬不要輕易放棄這個珍貴機會。

新生兒的小腸中，乳糖酶是最先發育完整的醣類分解酵素，而且會隨著寶寶長大到一足歲時，乳糖酶的活力將到達高峰，之後就漸漸降低了，這也是導致日後可能發生「乳糖不耐症」（Lactose Intolerance）的主要原因。乳糖不耐症就是因為乳糖酶的不足，使得腸道無法順利消化乳糖，因而導致腹脹、腹瀉等腸胃道問題。媽媽的初乳中，含有高量的乳糖與蛋白質，和較低量的脂肪，還有非常重要的免疫球蛋白。這樣的營養組合正好配合寶寶的消化生理需求，因為剛出生的寶寶對飽和脂肪酸的分解能力很低，並不適宜用太多含有飽和脂肪酸比例的食物。而母乳中的免疫球蛋白則可以提供寶寶到約六個月大的基本抵抗力，這也是許多吃母奶的寶寶，基本的健康底子都會比較紮實的主要原因。

新生兒的溢奶，是常發生的情況，尤其容易出現在餵食配方奶的寶寶身上，因為以奶瓶餵食時，寶寶不必很用力吸吮，就可以快速的吃完預定的份量，但同時也容易吞下許多空氣。然而四個月前的寶寶，食道與胃連結處的「賁門」部位的肌肉控制能力並還沒有發育完全，因此更容易溢奶，所以餵食配方奶的寶寶一定要注意奶瓶奶嘴的出孔大小，也必須在寶寶喝完奶後，耐心的輕拍背部讓他打嗝，就可以降低溢奶的情況發生。

●●● 口腔與味覺的發展 ●●●

味覺的能力來自於味蕾，新生兒的味蕾細胞在剛出生時，對味道的辨別能力還沒有成型，反而是吸吮的反射能力非常強，這其實也是新生寶寶探索世界的功能之一。藉由吸吮的過程，一方面可以滿足小寶貝的心理需求，對日後的咬合、咀嚼和語言發音時的雙頰運動，都有很正面的幫助。吃母奶的寶寶在吸吮乳汁時，所要運用的雙頰吸吮力道會比一般採用配方奶的寶寶更強。因此，寶寶喝完一頓母奶約20～30分鐘，會發現寶寶滿頭大汗，因為吸母奶的過程，就寶寶這麼小的年紀而言，已經算是有效的運動了。

在吸吮奶汁的過程中，寶寶會習慣性的將舌頭頂住乳頭下方，以口腔含住整個乳暈或奶嘴，才開始吸吮動作。因為四個月大以前的寶寶，對於舌頭的反射動作，都只用來吸吮，無論口腔的發育或舌頭的反射，並還沒有準備好可以咬含或咀嚼。因此，在滿四到六個月後要開始準備供應副食品時，會發現寶寶對副食品的接受度不高，因為他們不會含住其他食器（例如湯匙），並且將湯匙中的食物吞下，反而是舌頭會一直將媽媽準備的麥糊或米糊推出小嘴。其實，爸爸媽媽一旦知道這是舌頭的反射動作，就不會心理覺得很受挫。只要在餵食的時候，將小湯匙裝舀半湯匙米糊或麥糊，用一點點力道，很溫柔、輕輕的以小湯匙推寶寶的舌尖，再慢慢的讓寶寶含住小湯匙。

在推壓的過程中，有時候寶寶會突然用力將小湯匙整個推出小嘴，他們並不是真的討厭新食物，而是小舌頭正在利用吸吮時的反射動作，向外推擠。大人們可以以吸管喝飲料的情境來想像，喝飲料時也會先以舌頭頂住吸管才開始吸，只是長大後可以「精準」的控制舌頭的力道，而小寶貝們只是剛開始要學呢！在力道上的掌握，不免會有突然大又突然小的情形發生。只要多試幾次，寶寶會漸漸適應這種新的吃法，重點是媽媽不要一次準備太多，剛開始大約一般中式湯匙1大匙的份量即可。也要挑選適當時機餵食，否則剩了一堆米糊，讓媽媽覺得很浪費，更想餵完，又搞得寶寶生氣大哭，等到下一次的餵食副食品時間，他可能只要看到湯匙和小碗，就又哇哇大叫了。

味蕾的發育也是很神奇的。在寶寶較大可以添加副食品後，最好先以米糊供應，再給蔬菜湯、稀釋果汁，等到確定沒有過敏狀況，就可以餵食菜泥、果泥、五穀根莖類的糊狀食物或麵包、饅頭，最後才給蛋、豆、肉、魚等食材。以味蕾的發育過程來看食材的供應前後順序，最好是先以味道較平淡的食材供應，例如米糊或麥糊，讓味蕾一次熟悉一種味道。但是如果先給了較甜的稀釋果汁，他對後來平淡無味的蔬菜湯可能就覺得很無聊了。讓寶寶多吃原味的食材，不需要添加任何調味料，反而對味蕾細胞的感應訓練更好，也可以精準的判斷出寶寶對不同食物的喜好與反應。這個步驟看來平凡，其實會深深影響寶寶長大後的口味輕重。一歲前的寶寶食物，最好還是以清淡為原則，讓食物本身的味道訓練寶寶的味蕾細胞，過度的強調大人們自己覺得的美味，反而常常會訓練出挑食與偏食的寶寶。

第二章
小寶貝怎麼吃？
——飲食進度與內容

透過了之前消化道與口腔的發育說明，爸爸媽媽就可以專心準備寶寶的階段性飲食內容，瞭解並因應寶寶實際的生理狀態發展後，製備食物時將更有把握。

0～4個月

這時候最好的選擇就是母乳了。以目前營養科學的技術，其實還沒能真正可以百分之百解析出母乳的營養全貌。學者們普遍相信，母乳裡的完整營養素、抗體與各種酵素，可以提供充足的營養和有利因素幫助寶寶正常發育。因此，除了少數狀況無法哺育母乳，一般都建議最好可以哺育母乳至少六個月，甚至可以一直到二足歲。

母乳和嬰兒配方牛奶的營養成分

來自健康母體的母乳，會隨著寶寶的發育需求，自行調節各種營養素的營養比例，這絕對是各種配方奶永遠無法達到的境界。一般而言，以乳汁的分泌狀況與營養成分的不同，區分成三個階段：初乳、轉型乳與成熟乳。

表1-1 初乳、轉型乳與成熟乳的主要營養素

營養成分（每100c.c.）	初乳（產後3～5天）	轉型乳（產後6～10天）	成熟乳（產後10天後）
特色	外觀呈現淡黃色，含有高量蛋白質，其中許多是重要的抗體，例如：A型免疫球蛋白（IgA）。泌乳量較少。	單位熱量漸漸增高，主要是脂肪的比例漸高，乳汁外觀顏色漸趨乳白。泌乳量會隨著寶寶的吸吮頻繁而漸漸增加。	營養成分大致上已趨穩定，乳汁的味道與顏色和實際的營養成分，會隨著媽媽的飲食內容而有所不同。
熱量（大卡）	54～66	60～68	59～70
脂肪（公克）	2.7～3.2	3.1～3.4	2.5～4.1
蛋白質（公克）	1.9～2.2	1.7～1.9	1.07～1.25
醣類（公克）	6.1～7.4	6.4～7.6	6.2～7.5
鈣（毫克）	29.4	30.1	24～37
磷（毫克）	16.8	18.6	13.6

資料摘錄自：寶寶營養DNA，陳永綺著，婦幼家庭出版社，第65頁，2004年4月。

如果將母乳的成熟乳與一般牛乳和配方乳做比較，會發現他們的營養成分會有些不同。其中有幾個重要營養素，將深深影響幼兒的營養狀況，甚至進而影響其他的生理機能。首先比較醣類，母乳中的醣類主要以乳糖為主，乳糖經由酵素作用成半乳糖後，可以進入腦部幫助腦細胞的生成。這對於腦細胞仍處於快速發育階段的小寶寶而言，是非常重要的一個營養環節。坊間的部分嬰兒配方牛奶會以蔗糖為醣類的來源之一，其實一方面必須考量乳糖對於寶寶的營養重要性，一方面在寶寶開始長牙後（約7～8個月大），也必須注意蔗糖對於幼兒齲齒的影響。

表1-2 母乳、牛乳、與嬰兒配方奶品的營養成分

營養成分（每100c.c.）	母乳	純牛奶	嬰兒配方牛奶
熱量（大卡）	75	69	67
醣類（公克）	6.8	4.9	7.0
蛋白質（公克）	1.1	2.5	1.5
乳清蛋白（%）	80%	18%	60%
酪蛋白（%）	20%	82%	40%
水分（公克）	87.1	87.3	90.0
脂肪（公克）	4.5	3.5	3.8
醣類（公克）	7.1	4.9	7.0
灰質（公克）	0.21	0.72	0.34
鈉（毫克）	16	50	21
鉀（毫克）	51	144	69
鈣（毫克）	33	118	46
磷（毫克）	14	93	32
鎂（毫克）	4	13	5.3
鐵（毫克）	0.05	微量	1.3
鋅（毫克）	0.15	0.40	0.42
維生素A（IU）	182	140	210
維生素C（毫克）	5.0	1.0	5.3
維生素D（IU）	2.2	4.2	42.3
維生素E（IU）	0.18	0.04	0.83
維生素B1（毫克）	0.01	0.03	0.04
維生素B2（毫克）	0.04	0.17	0.06
菸鹼酸（毫克）	0.20	0.10	0.70
凝乳塊	軟，如棉絮狀	硬，體積較大	中等硬度，中等大小
酸鹼度	鹼性	酸性	酸性
抗感染物質	+	±	—
細菌存在	無菌	非無菌	無菌
排空時間	較快	較慢	較慢

資料來源：實用營養學，葉寶華等合著，第250頁，華格那，2003年4月。（原始資料為Williams, E.R., et al.: Nutrition-Principles, Issues, and Applications. New York: McGraw-Hill Book Co., 1996年。）

蛋白質的來源對於是否會造成寶寶的過敏反應，是非常重要的一個因素。母乳成分中的蛋白質主要以乳清蛋白（Lactalbumin）為主，較不容易造成過敏反應，而牛乳中的蛋白質主要為酪蛋白（Casein）。因此如果直接使用牛乳，寶寶不但消化吸收能力不夠，也會產生過敏的危險。一般的嬰兒配方牛奶，也都盡量將乳清蛋白的比例提高，目的就是為了使蛋白質的來源比例可以更接近母乳。目前常看到的比例約為乳清蛋白：酪蛋白為60：40，其實和母乳可以提供的80：20，還有一段距離，因此，仍然有部分寶寶會對這類配方牛奶產生過敏反應。

礦物質中的鈣和磷，是影響寶寶日後身高發展的重要骨本，母乳的神奇之一，就是母乳中的鈣磷比會隨著寶寶的成長而有不同。剛開始分泌的母乳，鈣磷比例可以達到2：1；寶寶6個月大時，鈣磷比約為1.5：1；到了寶寶滿周歲時，鈣磷比就變成1：1了。這種漸進式的轉變，也符合寶寶消化能力的轉變與需求，可以更有效率的吸收乳汁中的鈣質。一般的配方奶品大多都只固定一種比例，在技術上雖然盡力，但仍然無法媲美母乳的完美比例和時間點的掌握。

鐵質也是一個值得討論的營養成分。孕婦必須在懷孕的最後三個月補充足夠的鐵質，主要原因有三個：首先，為了應付分娩時的出血，可以先行儲存和製備足夠的原料；其次是孕婦到最後三個月的懷孕期，會因為身體的總血液量增加，而出現所謂的

「生理性貧血」。這是因為分母（總血量）變大了，分子（鐵質）卻沒有變，所以也必須適當的增高分子（鐵質）的攝取，讓孕婦整體看來的氣色較好，較有精神；最後則是寶寶的需求，胎兒會開始從媽媽體內吸收足夠的鐵質，以應付從出生後到三個月大的生理所需。因為一般而言，新生寶寶的腸道對鐵質的吸收率通常都不太好，雖然配方牛奶中的鐵質濃度約為母乳含鐵量的26倍，但是，母乳中的鐵質吸收率卻可以是配方奶的49倍之多。因此，與其考量量的多少，還不如評估寶寶到底可以吸收多少。

大致而言，母乳中的營養素濃度和比例，絕對會和哺乳婦女的飲食狀況有直接的相關性，因此只要媽媽吃的很正確、均衡而健康，自然而然就可以供應最恰當的養分給心肝寶貝。餵母乳的過程並沒有想像中的輕鬆，需要家人的支援與鼓勵，才有辦法熬過最困難的第一個月，之後就比較能駕輕就熟了。主要是產後第一個月期間，媽媽本身也需要充分的休息，因此在餵乳的頻率過高和擠奶的熟練度不足的狀況下，非常容易讓媽媽放棄。充分的休息和充足的營養，還沒有辦法真正構成一個完美的母乳。曾經有研究指出，媽媽在泌乳時，必須維持情緒的放鬆，精神很愉悅，就可以分泌出健康的乳汁。如果媽媽很倦累、脾氣暴躁時，乳汁中也會有較高含量的腎上腺激素，寶寶吃了這樣的乳汁，可能就會略顯焦慮不安，不明原因的哭鬧了。

吃母乳的寶寶所排出的糞便較不容易成型，而且胃的排空速度較快，寶寶比較容

易肚子餓；而喝配方奶的寶寶，就可能因為不同品牌的產品，而有完全不同的反應。有的商品會造成糞便較硬，就必須考慮讓寶寶在兩次餵乳時間中，喝一些溫開水，增加水分的攝取，對軟便也有一些幫忙。而喝母奶的寶寶，正常狀況下是不必喝水的，母乳的水分供應已經足夠，唯一的考量點是當寶寶長大些之後，開始出現長牙徵兆，可以考慮在餵完奶後給一些溫開水，以提供口腔清潔的功能。

一般而言，剛出生的寶寶因為胃容量較小，每次可以喝的份量並不多，因此需要較頻繁的哺餵頻率，大約2小時到2個半小時左右，寶寶就會又餓了，所以每天大約要餵個8次左右。以母奶而言，左右邊的乳房約餵10～15分鐘就可以了。因為寶寶會在比較餓的時候，很努力的吸吮，大約前10分鐘的吸吮時間，就佔了預定哺乳量的六成左右，之後媽媽會覺得寶寶越吸越慢，甚至常常很滿足的睡著了，許多媽媽擔心寶寶沒吃飽，又會輕拍寶寶想讓他多吃一些。其實在打預防針回診檢查時，只要寶寶的體重和身高、頭圍等體位測量，都有正常發展，媽媽就不用擔心寶寶沒吃飽了。滿月後到三個月大的寶寶，胃容量稍微增大，可以放長哺餵的時間，約3～4個小時一次，但是夜間仍然需要再吃一餐，一天下來共約6次左右。四個月大後的寶寶，可以漸漸調整到媽媽晚間十一點入睡前再餵一次，寶寶可以睡足6～7個小時後，清晨約五點或六點間再哺餵一次。這個階段以後，媽媽和寶寶都可以有較完整的睡眠時段，媽媽的泌乳頻率和泌乳量，也都會調整成寶寶肚子餓的時間和需求。有時寶寶沒有吃完，媽媽可以將乳汁擠出，以集乳袋裝好冷凍備用，不要輕易浪費了。

喝配方牛奶的注意事項

有些狀況下，媽媽並不適合親自哺乳，例如媽媽本身不幸罹患了高度傳染性的疾病（如愛滋病）、正在進行化學治療或物理治療的療程、罹患精神疾病恐怕對寶寶造成不利、或乳房正在發炎等，都不適合親自授乳。有時候也必須考量寶寶的狀況，如果寶寶的唇部不幸患有先天性的缺陷（例如兔唇和顎裂），無法透過完整的吸吮動作而直接享用媽媽的乳汁時，媽媽可以將乳汁擠出，透過特殊設計的奶嘴，同樣可以將乳汁餵食給寶寶。另外還有早產兒，因為身體的多處器官都尚未健全，也無法有正常吸吮的能力，其實媽媽可以將乳汁先行擠出冰凍儲存，一旦在保溫箱中的寶寶已經可以開始吸吮了，媽媽的乳汁還是最棒的禮物。

至於喝配方奶的寶寶，建議媽媽或照顧者可以將寶寶的用餐時間與喝乳量，找一本小筆記本，稍微做一下紀錄（喝母奶的媽媽也可以稍微紀錄一下），列一個簡表，寫下寶寶的生活日記。這個簡表可以幫媽媽檢視寶寶的哭鬧到底是什麼原因，因為寶寶的生活步調並不容易建立，有一個簡單明瞭的紀錄，可以讓照顧者把腦袋空出來，才不會因為寶寶一哭鬧，就慌了手腳，也忘了上一餐什麼時間吃，吃了多少。如果每一次寶寶哭鬧，就直接餵奶，不但沒有釐清問題，錯失了判斷寶寶不舒服的時機，還有可能讓寶寶從小就餵食過量，提早埋下體重過重的惡因。

配方奶粉的沖泡，必須依照包裝上的食用說明來製備，否則泡得太稀釋，寶寶不但容易肚子又餓了，也比較容易出現便秘問題；如果泡得過濃，一方面可能增加寶寶腎臟的負擔，也可能同時造成寶寶拉肚子現象。家長在第一次購買配方奶品時，可以透過醫院護理人員諮詢正確的訊息，也可以透過奶粉罐上的服務專線，諮詢產品的專門服務人員。在台灣，因為嬰幼兒奶粉屬於特殊營養食品，都必須有衛生署相關單位的檢驗核准，才可以以嬰幼兒配方的名義進行銷售。因此，消費者也可以透過官方網站瞭解到底哪一些品牌才是符合檢驗標準的，千萬不要?了價格因素選擇寶寶的奶粉，才能真正為寶寶的基本健康把關。

如何正確的幫寶寶沖泡奶粉呢？有幾個基本技巧需要注意：

1. 在已消毒好的奶瓶中，約加入預定沖泡量的三分之二冷開水，再加入預定量三分之一的熱開水，調成適當的水溫，約為攝氏45～50度。坊間也有販售專門為寶寶沖泡乳品用的定溫茶壺，在經濟狀況許可下也可以考慮購買。但是要注意的是，每一次務必添加經過完全煮開的熱水或冷水，讓保溫壺進行保溫的動作，不可以直接以生水添加，而沒有進行煮沸的步驟。添加熱水後，因室溫差異與添加量的不同，多半要等待1至2小時不等，才可以降到攝氏50度左右。因此，最好養成每次泡完牛奶後，或寶寶喝完該餐次後，就添加新的開水入保溫壺中，以避免因為降溫的時間不足，誤以為溫度可以而直接使用，又沒有經過檢查的步驟，可能會誤傷了寶寶幼嫩的口腔黏膜。

2. 奶粉和水的比例一定要正確。寶寶在要換奶的階段可能會比較麻煩，因為有時候不同階段或品牌的產品，奶粉和水的調配比例上就不相同，必須更小心的計算和搭配。同時，每一次泡製時都需要小心的準備，甚至可以考慮在奶粉罐外觀上標示出很明顯的比例說明，因為寶寶半夜餵食的那一餐次，爸爸媽媽有時候真的很累，為了避免錯誤發生，明顯的標示出來，可以讓沖泡時有正確無誤的操作依準。
3. 裝好水、放進正確的奶粉後，將奶嘴和奶嘴栓鎖緊奶瓶，千萬不可以很用力的像搖泡沫紅茶般的用力搖晃，這樣的動作將會使許多空氣融入牛奶中，使得寶寶喝入太多空氣，不但輕拍打嗝的時間會拉長，同時也增加溢奶的風險。比較正確的方法是，拿著奶瓶上半部約三分之一處，用畫圓讓奶瓶呈放射狀旋轉的方式讓奶粉溶化，只要溫度正確，現在的奶粉都非常容易均勻溶化。
4. 最後要給寶寶喝之前，先滴一些奶水到手腕內側做溫度的確認，以確保安全。
5. 要判斷奶嘴孔的大小是否合適，可以將奶瓶倒立，前兩秒的奶水會以直線方式噴出，接著就以滴狀方式慢慢滴出，約每秒鐘1～2滴。使用這樣的孔徑時，寶寶比較不容易因為吸太大口而嗆到，也較不會同時吃下太多空氣，又不會讓寶寶吸得很辛苦、很生氣。要額外注意的是，奶嘴是必須消耗品，尤其在歷經多次使用和消毒後，品質很容易變性。如果發現顏色和柔軟度都變了，最好考慮換用新的，更不要覺得家裡的第一個寶寶用過了，可是還沒壞，可以轉讓給第二個寶寶。實際的奶嘴品質變化，需要爸爸媽媽們小心的把關呢！

6. 寶寶沒有喝完的牛奶，常常有長輩覺得丟棄很浪費，可以冰起來或在室溫下放到下一餐次再用。基本上，為了孩子的健康，最好每次都沖泡新的牛奶。因為寶寶一個餐次約需要15～20分鐘喝一頓牛奶，有的甚至更久，超過30分鐘以上停留在室溫下的牛奶，非常容易滋生細菌，使牛奶酸敗，寶寶的胃液還沒有足夠的胃酸可以抵抗這些細菌，因此可能會造成寶寶拉肚子的問題。

一般而言，喝配方牛奶的寶寶，在未滿月時每天約需要餵七次，由初生的每次30～40c.c.，到後來的每次可以吃到90～140c.c.不等，絕對因人而異，媽媽們不要過度比較寶寶的食用量。依照寶寶所屬的生活紀錄表，媽媽將可以很客觀的看出寶寶的食量變化，因此，不需要每次的預計沖泡量都要強迫寶寶吃完。只要寶寶的排泄、生理反應都正常，可以藉由滿月後第一次施打預防針的健康檢查時，透過護理人員量身長、體重、頭圍，瞭解寶寶的體位發育是否正常。滿月後的寶寶到二個月大之間，食量會略增一些，每一個餐次可能可以吃到110～160c.c.不等，因為每餐吃的量較多，可以漸漸將餐次調整為一天六次左右；三個月大左右的寶寶，大約可以吃150～160c.c.間，餐次可以考慮降為五餐。這些頻率和食量的建議，絕對沒有一定的標準，最好要因應寶寶的實際狀況調整，才不會讓寶寶挨餓或吃太飽了。

有的寶寶就是比較能吃，而且明明已經很飽了，還哭著想吃，媽媽可以以食指和中指輕輕壓寶寶的胸骨下方，大約是胃的位置，如果已經鼓脹，就不宜再哺餵，以避免過飽而溢奶。這時候可以將寶寶直立抱起，讓他趴在媽媽肩胸上，陪他聊聊天，除了輕拍打嗝，也轉移他的注意力。

當寶寶不幸感冒生病時，寶寶的生活紀錄表也可以記下寶寶的生病病程、體溫的變化或用藥的情況，這些訊息也都有助於赴醫院就醫時，可以讓小兒科醫師清楚的判斷寶寶的飲食狀況與生理狀況，對寶寶的病程掌控將更有助益。另一方面，如果這些紀錄可以保存下來，當寶寶上學後對小時候的情形問東問西時，爸爸媽媽就有一些證據，可以讓孩子體會一下當年爸爸媽媽照顧小生命的費心與辛苦。

表1-3 寶寶的生活紀錄表（範例）

日期	時間（起迄）	實際喝奶量	排便情況	寶寶的生理反應或其他
93.5.29	5:15～5:40	90c.c.		
	9:00～9:20	90c.c.		
	12:05～12:35	100c.c.		
	13:15		黃色正常	
	15:50～16:10	90c.c.		
	20:00～20:15	90c.c.		寶寶會對著爸爸傻笑
	23:00～23:20	100c.c.		
93.5.30	2:00～ 2:15	90c.c.		

需不需要喝葡萄糖水？

長輩往往希望可以養出白白胖胖的小寶貝，也許聽說讓寶寶喝些葡萄糖水可以潤腸，寶寶比較容易解便，因此每次給寶寶喝開水時，都會加一包葡萄糖。其實，喝配方牛奶的寶寶真的需要補充一些額外的水分，尤其有些廠牌的配方產品很容易讓寶寶的糞便較硬，額外的水分有幫助軟便的功能。葡萄糖水的軟便效果，主要的幫手是水分本身，並不是葡萄糖。另外，如果一開始就給了寶寶習慣「嚐甜頭」，對後來的副食品添加，無形中可能會增加許多阻力與困難喔！

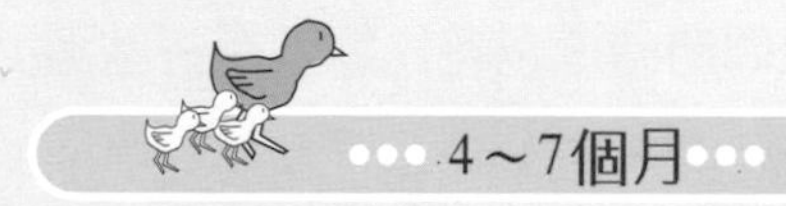

4～7個月

小寶貝到滿四個月大時，口腔的發育和消化酵素的種類和活性，都已經比較成熟，可以考慮供應一些母乳或配方乳以外的食物，以訓練寶寶除了吸吮以外的攝食能力，同時可以補強母乳或配方乳品在營養上的不足。餵食副食品的重要原則是：每次只試一種，只由一小茶匙或數滴開始。當試用3～5天，寶寶並沒有出現拉肚子、皮膚長疹子、腹脹、腸絞痛、嘔吐或其他不舒服的生理現象後，再考慮試用新的食材。這樣的嚴謹過程，主要是要小心的過濾寶寶的過敏原，也可以知道寶寶的腸胃消化系統是不是真的已經就緒，可以好好的接受新的食物。

剛開始供應副食品時，每天先選擇一個時段，可以在上午兩次供應母乳或牛乳的時間中間點，因為這時候寶寶不會太餓，也比較有精神，可以較有耐心的試試新的吃法和新食物。否則，當小寶貝肚子已經餓壞了，又要讓他嘗試新食物，寶寶往往會因為技巧的不熟練，而越吃越生氣。每一次不需要準備太多量，因為寶寶還得花上一段時間，與他的新湯匙和小碗建立新關係，熟悉一下湯匙的硬度和食物的口感，如果製備了太多量，往往是浪費丟棄的。

以米糊為例，如果照顧者有時間，可以考慮用較小的鍋具熬煮米湯。將米清洗後，米和水的比例約為1：10，煮沸後以小火熬煮至米粒完全爆開，約需35～40分鐘。靜置等涼後，就可以撈出米粒輕輕壓成糊狀，這樣的米糊略帶淡淡的甜味，寶寶第一次吃時，如果可以吃完一湯匙的份量，就非常棒了。如果有剩餘的米湯，也可以另外以消毒好的奶瓶裝起，讓寶寶喝喝看奶品以外的液體食物。如果爸爸或媽媽是過敏體質，必須捨棄麥類製品，最好先給寶寶吃米糊或米湯。因為根據統計，麥類製品比較容易誘發寶寶的過敏反應，當爸爸和媽媽同時都是過敏體質時，寶寶本身也過敏的機會可能高至八成。除了要避免麥製品外，也可能要考慮將加入副食品的時間，延後至六個月大，讓寶寶多吃母奶，對寶寶的保護，可能更為周全。

當然，也可以好好利用市面上的副食品商品，例如嬰兒米粉和嬰兒麥粉。每次可以用30c.c.的乳汁，依照產品使用說明，加入適當的用量調成糊狀，再小口小口的餵食。最好不要用奶瓶供應，因為副食品的加入就是要寶寶開始嘗試不同的進食方法，也讓寶寶可以坐著進食，開始社會化的第一步，即使寶寶吃得不多，也要有耐心的慢慢餵食。媽媽可以準備好一些乾淨的小毛巾，沾濕後方便隨手擦拭小寶寶的小臉小手。一開始寶寶肯定會弄得到處都是米糊或麥糊，媽媽要適度降低自己的乾淨標準，容忍寶寶因為不熟悉咬含和吞嚥糊狀物的技巧，而總是把米糊一骨腦的往小嘴外推走。媽媽也要學習判斷寶寶是真的因為不會吃而吐出食物，還是在玩食物。如果發現寶寶已經開始出現玩性，就必須把食物收走，以免養成日後他對食物的不正確心態。

除了米糊外，媽媽可以準備一些蔬菜湯，做法並不困難。將葉菜類完全洗淨，大約取個1～2片，切成2～3公分長度，用小湯鍋加少許水煮沸後，放入蔬菜，煮到菜葉中的顏色已經釋出到湯中，就可以熄火了。將蔬菜湯水過濾放涼後，就可以讓寶寶試用看看。這個階段可以考慮利用深綠色的蔬菜，包括了菠菜、青江菜、豌豆苗、地瓜葉、青花菜、美國生菜、高麗菜芽以及空心菜等。另外可以將紅蘿蔔切成約1公分左右的丁狀，再用水熬煮。如果擔心有些蔬菜的味道較重，可以在供應時再用一些冷開水稀釋。寶寶一般可以接受的量不太多，不需要準備很多而造成浪費，但是必須注意農藥的問題。因為葉菜類的蔬菜最容易堆積農藥的地方，多半是在距離根部約1～2公分處的葉片基部，這個部位最好先用刀切除，再開始浸泡和清洗，用清水沖洗3～4次，以確保可以去除所有的農藥，保障寶寶小肝臟的健康。

小寶貝的奶瓶和奶嘴都需要經過完全的清洗和消毒，而新的小湯匙和小碗，因為採用的材質多半是美耐皿製品，並不能以高溫消毒，否則容器容易變質或變形。因此，只要在使用完後清洗乾淨並以烘碗機烘乾即可，如果家中的烘碗機剛好具有紫外線殺菌燈，也會有些加分的作用。有些蔬菜會造成白色的美耐皿容器容易沾上色澤，就安全上沒有什麼問題。但是市面上有些小寶貝的碗底附有研磨用的細小凹槽，必須特別注意清洗乾淨，否則一些糊狀物容易卡陷在細縫中，在每次製備新食物時，都會有可能造成污染。媽媽可以用小刷子，沿著細紋輕輕刷洗，應該就沒有太大的問題了。

稀釋果汁也是一個可以開始供應的食物，因為果汁的味道比蔬菜湯和米糊強烈，必須要經過稀釋，才不會讓寶寶覺得很奇怪。最好選擇有需要削去果皮的水果，例如：蘋果、葡萄、美濃瓜、哈密瓜、木瓜、柳丁、水蜜桃或水梨，可以降低一些農藥的風險。對於質地較軟的水果，如葡萄、美濃瓜、哈密瓜、木瓜、水蜜桃等，可以在去皮後切成小塊，以網篩壓成泥狀後，加冷開水稀釋而成。質地較硬的，如蘋果、水梨等，就必須要用磨泥器磨成泥狀，再加冷開水稀釋。而柑橘類的水果，可以用榨汁器，將果汁榨出再稀釋。

每一次新的嘗試，都先給寶寶約一小湯匙就可以了，主要要看寶寶的腸胃道是否可以接受新食物，會不會造成過敏反應。因此，每次準備大約都只需要用到一小片水果就夠了，也不適宜將一天或兩天的用量一次做完放在冰箱。因為水果中的維生素C在經過研磨步驟時，會減少許多，再放置過久後，含量將越低，有些水果放置過久口味還會變更酸，因此不方便再供應給小寶寶。

7～10個月

經過了前三個月單一口味的嘗試新食物後，如果寶寶的腸胃道消化情形都很正常，可以考慮開始將湯湯水水的食材，調整成糊狀的質地供應。大多數的寶寶這時也都開始長牙了，手的抓握能力更協調，一些土司條、幼兒餅乾等可以自行抓拿著吃的食物，對寶寶而言都是不錯的選擇。一般七個月大的寶寶可以坐直的時間拉長，白天

睡眠的時間也較短而固定，可以選擇在上午、下午和晚餐等三個時段供應副食品，份量也可以增加到每次約半碗稀飯的量。這時候的寶寶運動量會突然加大，小手小腳想辦法到處抓和踢，也到處匍伏前進探索不同的領域，所需要的養分和熱量，都相對增加了。

■1. 五穀根莖類

除了原有的米糊，可以加入一些新的食材了，例如麵條、麵線、稀飯、原味餅乾、幼兒餅乾、饅頭、土司……等。這些食材的加入，在供應的進度技巧上不變，仍然得一次只試一種，千萬不要心急。原來的米糊可以漸漸轉變成更濃稠的原味稀飯，必須小心稀飯的供應溫度，小寶貝的耐受溫度沒有像大人的耐受溫度高，寧願放涼一些，餵食時比較安全。

麵條也可以加入使用的行列，剛開始試的時候可以稍為煮軟一些，而且必須切成約2～3公分的長度大小，小寶貝在吞食的時候，比較安全。每次給個二到三小段，讓他稍微咀嚼一下，有時候他們會很好奇，想用小手抓一些小麵條玩玩，最好可以轉移他們的注意力，不要讓他們養成邊吃邊玩的習慣。

選擇麵線時要特別注意麵線的鹹度，麵線為了防腐，本身的鹹度較重，因此必須使用更多的水烹煮，讓麵線所含的鈉鹽可以被滾水稀釋，對寶寶的健康較有保障，也可以避免寶寶養成愛吃口味較重食物的習慣，影響日後的食物判斷和喜好。煮熟的麵線必須切成小段小口慢慢的餵食，寶寶的小嘴常常容易誤以為軟軟的食物可以直接吞食，如果餵得太大口，可能會讓寶寶噎在喉嚨處，造成危險。

在供應饅頭和土司等屬於乾料的主食類時，可以依寶寶的接受度而變化。如果寶寶的咀嚼能力和意願都不錯，可以將土司撕成約1～1.5公分長寬的面積，放在小碗裡讓寶寶自己拿著吃。每次放個3～4小塊，可以在吃完後再加入新的份量，才不會因為寶寶的愛玩，導致食物的污染和浪費。供應饅頭也是類似，可以撕成長條狀，讓寶寶訓練手拿的動作。這樣的供食體積較小，是為了寶寶的食用安全，但是七個月大的寶寶在抓握較小物品，又要放入小嘴的過程，還需要一段時間適應和學習。因此，寶寶可能會出現明明已經拿到嘴邊了，卻在小嘴前掉了出來，或是常常連同小手一起將食物送入嘴巴，才將小手抽離小嘴。這些過程能幫助訓練小寶貝的眼手協調，但是許多家長常常受不了寶寶吃一頓副食品的時間拖延太久，或是怕寶寶弄得髒兮兮，就自動地幫寶寶的忙，將食物一口一口的幫忙送進小嘴。只怕等寶寶大了些，已經習慣被餵食，自己想吃的意願或相關的能力都會較弱，到時候也需要更久的時間訓練和培養了。

饅頭和土司也可以用一些配方牛奶泡軟後食用，是沒有時間熬煮稀飯時，不錯的立即代用品。大約半個饅頭或一片半土司泡到約半碗牛奶或豆漿的份量，就主食類的營養比例而言，可以達到一碗稀飯的營養供應。滿九個月大的寶寶，大致上都可以一次吃完這個份量。當然，有的寶寶食量較小，也不需要一定強迫吃完建議用量，媽媽還是可以依照寶寶的實際用量，適時適量的調整下個餐次的製備份量。

市面上還有許多各式各樣的幼兒餅乾，日本進口品牌會標示成「乳兒餅乾」，都是爸爸媽媽可以考慮備用的，尤其帶著7～9個月的寶寶出門時，外面的食物並不適合寶寶就地購買就可以食用，畢竟口味都太油、太鹹或太甜了。這時候這類的幼兒餅乾就是比較好的替代品，可以讓寶寶自己握著慢慢啃咬，就食物品質上比較安全。只是必須注意，這類商品不宜囤積，依照寶寶的消耗速度添置就好了，一般它們的保存期限都不長，有時候寶寶會突然排斥這類餅乾，如果預先囤積太多，可能也會造成浪費。

■2.蔬菜類

經過了口味非常清淡的蔬菜湯階段，寶寶可以開始嘗試蔬菜泥。做法基本上和蔬菜湯很類似，只是不需要再經過過濾，直接用研磨棒和研磨碗將滾水煮熟和煮軟的蔬菜，磨成泥糊狀，放涼後就可以讓寶寶嚐嚐看。這類蔬菜泥的原味口感並不討喜，會讓媽媽們想加一些柴魚粉或市售高湯粉等「調整」一下蔬菜泥的味道。其實，寶寶在這個階段於一天內所需要的蔬菜泥約只有1～2湯匙，不要為了強調美味，而幫寶寶加些柴魚精等調味料。這些調味料有的雖然標榜天然食物煉製而成，但畢竟所含有的鈉量對這麼小的孩子而言還是偏高的。可以在確定寶寶對多種蔬菜不會有過敏反應後，用兩種或三種蔬菜一起煮熟後磨成泥，甚至也可以調些果泥進來，藉由食物本身的風味，去豐富食物的口感變化。蔬菜煮熟後的蔬菜湯還可以讓寶寶飲用，一些水溶性的營養素都會溶在蔬菜湯裡；如果寶寶願意在吃完蔬菜泥後再喝些原味菜湯漱漱口，也能補充些水分。

■3.水果類

七個月大的寶寶可以開始吃果泥了。因此，原來要加水稀釋的步驟可以省略，只要確定將水果洗乾淨、去皮和籽後，以研磨器磨成泥狀就可以直接供應了。這時候寶寶吃到的果泥，在營養成分上會同時補充了水溶性纖維素與非水溶性纖維素，對腸道的保健都有非常正面的幫助。有的媽媽在4～6個月時期的稀釋果汁階段，會習慣性的以濾網將水果的渣質完全濾除，其實這樣非常浪費，因為果汁的稀釋目的只是為了降低部分果汁的強烈味道，稀釋後的渣質感覺會稍稍降低，但是水果的重要纖維素都會保留。因為供應的份量也都不多，如果擔心稀釋果汁中的渣質會塞住奶嘴孔，在寶寶稍大些，吸吮力道的控制力較成熟時，喝果汁時可以改用十字型出口的奶嘴，對於細小的渣質也都可以順利通過。如果寶寶已經養成只喝「純果汁水」的習慣，對些許渣質都產生抗拒，對果泥階段的接受度，可能就比較低了。

其實供應果汁或果泥，在初步時都可以以湯匙餵食，讓小舌頭舔一舔不一樣的感覺，7～10個月的寶寶一天約需要供應1～2茶匙的果汁或果泥，1茶匙相當於5c.c.的容量，因此一天的總份量還不到一匙中式餐中喝湯用的湯匙（約15c.c.），只要現做現吃，小小的份量可以很快速做好。在夏季較容易缺乏水分的情形下，寶寶如果肯多吃一些果泥，吃完後再喝些冷開水漱口，對寶寶的整體免疫功能，也會有加分的效果。

但是，坊間的市售果汁，對寶寶而言並不是一個好的選擇項目，如果要外出時，也不方便以此當代用品，因為市售果汁為了迎合一般消費者的口感需求，成品一般都較甜，對寶寶來說並不恰當。市面上也有一些針對寶寶需求所製備的果汁和果泥的商品，就營養需求的角度是可以符合寶寶的需要。但是單價偏高，消費者必須依照自己的經濟狀況決定是否選用，因為再怎麼貴的寶寶食品，其營養成分都沒有媽媽自己現做來的高。就經濟考量來看，自己做也便宜多了，同時可以依照寶寶的實際狀況隨時調整內容。

根據美國一些營養相關的研究報導中，追蹤與檢驗這些嬰兒食品的農藥殘餘量，竟然都陸續發現有各種不同的農藥殘餘。雖然目前的殘餘量數據都低於標準，但是弔詭的是，所應用的標準是採用成人的農藥耐受標準來評估。因此，是否會對發育中的小寶貝的肝、腎、腦部與神經系統，或內分泌系統產生某種程度的干擾和傷害，可能都沒有辦法有具體的推斷，以確保小寶寶的真正安全。所以，媽媽還是盡可能的利用新鮮的水果，確定清洗乾淨後，幫小寶貝準備果汁，而且現做現吃的營養效率，也相對棒多了。

■4.蛋、豆、魚、肉類

7～10個月大寶寶的飲食內容，最大的改變是可以加入蛋白質含量高的食物了，這時候的寶寶腸胃消化功能，大致上已經更成熟了。蛋白質水解酶的濃度與活性應該足以應付分解食物中更多的蛋白質，因此在寶寶七個月大左右加入蛋白質類的食物，寶寶可以利用這些充足的養分，去建造身體各個器官與組織的發展，當然也同時帶來了動物性食物中富含的鐵質、鈣質和鋅；這些礦物質營養素都會影響寶寶的生理機能發展，例如：血液運送品質和學習專注力、神經傳導功能和情緒與睡眠的穩定度，還有各種酵素的基本功能。這時候的母乳濃度，由外觀判斷就能發現已經變稀了，母乳在寶寶7個月大後已經不能供應寶寶所需要的完整營養，卻還是寶寶非常重要的營養來源，媽媽仍可以透過乳汁供應合適的抗體、最佳的鈣磷比與優良的蛋白質來源。

只要是添加新食物，就仍然得遵循添加副食品的最高指導原則：一次只加一種，試用3～5天，確認身體沒有不適症狀後，再幫寶寶試新的蛋白質類食物。蛋白質因為需要完整的酵素分解，變成較小的「胜肽」或胺基酸，才可以透過體內的循環運送到需要的器官或組織，進一步合成屬於自己身體的結構。如果因為酵素系統對某一些蛋白質無法完全分解，形成了較大的「胜肽」，就可能會讓體內的免疫系統誤以為這是外來的不利分子，而開始一系列的免疫防衛，這就是所謂的「食物過敏」。雖然大多數的七個月大的寶寶，理論上體內的蛋白質水解酶都大致就緒，但不免也會出現一些例外的情況，也因此必須透過嚴謹的副食品添加順序，一個一個測試出寶寶可以接受的好食物。

這個時候可以加入低糖豆漿、豆腐、豆花等豆製品，除去筋的瘦肉、健康的肝臟、去刺的魚肉和蛋，只要經過副食品添加的原則確認，寶寶就可以多方面的嘗試新口味了。肝泥的製備可以先將需要的肝臟份量，以開水燙熟，濾去水分後，再加入些許開水研磨成泥。剛開始寶寶約只需半兩肝臟的份量，大約是一片0.5公分厚度的薄片，因為份量真的不多，媽媽可以考慮川燙個2～3片，冷藏保存在密封的保鮮容器中，讓寶寶在三天內食用完畢。再製備時可以以低溫微波加熱，川燙熟的肝臟含水量較低，若以高溫微波，可能會導致肝臟細胞爆裂，讓整個微波爐內都是肝粉。熱好的肝片再以熱開水研磨成泥，放涼後就可以讓寶寶食用了。

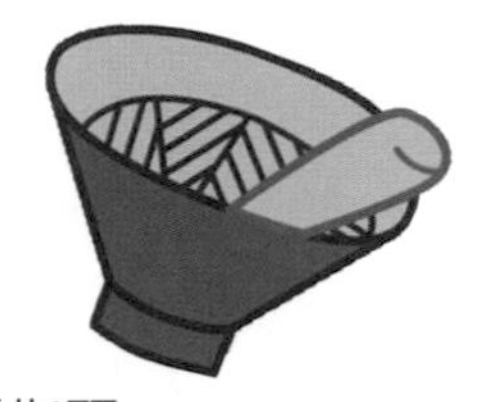

半兩重的去筋瘦肉在外觀上的體積大小，約相當於媽媽的一根手指頭（中指）大小，如果要單獨製備，可能存留在鍋碗容器的量也多，媽媽可以將所需的份量切絲，用較小容量的鍋具燙熟，就可以研磨成肉泥了。因為豬肉中含有旋毛蟲的寄生比例很高，務必要完全的加熱煮熟以確實去除這類寄生蟲。至於魚肉因為含水量比家禽或家畜類的含水量高，半兩魚肉的外觀體積大約可以到媽媽的1.5根中指大小，這時候可以用清蒸或外包鋁鉑紙的方式進烤箱烤熟再供食。

傳統豆腐因為容易變質，媽媽購買回來後如果當天無法讓全家人吃完，必須以乾淨的保鮮容器盛裝，並每天換乾淨的冷開水到容器中，可以讓豆腐的保鮮期延長到3～4天。寶寶所需要吃的豆腐份量大約都只有一小方格（約2.5公分長×2.5公分寬×2公分高），可以先行燙熟後再切成約0.5公分長寬高的大小供餐。這些富含高蛋白質的各種食材，也可以融入主食類食材中一併製備，做成一些簡單風味的淡味粥品或麵食，以稍稍緩和寶寶已經吃膩的單調口味。

有時候，也可以利用家裡烹調大人的菜色，取一些食材來加以變化，例如：簡單的蒸魚。如果預計要取些份量給九個月大的寶寶食用，蒸魚的步驟只要用些薑絲和蔥絲，加一些味霖，蒸熟後取出約1湯匙大小的魚肉部分，不需要再用任何調味料，就可以讓寶寶食用。剩下的魚肉，可以利用蒸魚時滲出的魚湯，將魚湯入炒鍋中加熱，加些許醬油和味霖調味，待滾後再倒回蒸好的魚肉上，立刻成為大人們的菜色。蒸好尚未調味的魚肉也可以加到已經預先為寶寶煮好的稀飯或麵當中，以稍微省卻單獨為寶寶特意製備食物的時間和步驟。

這個時候的寶寶，在白天醒著的時間漸漸長了，媽媽或照顧者需要開始思考如何以簡便有效的方法，準備寶寶的食物，就可以省下更多時間陪伴寶寶玩耍和互動，建立更有效的親子關係；也可以透過各種不同的活動安排，理解寶寶一些行為發展的狀況，藉此評估寶寶的營養狀況與整體健康發育，是否如預期中的一般寶寶發育情形。

剛開始準備讓寶寶吃蛋的時候，可以考慮用蒸蛋或蛋黃泥的方式供應。製作蒸蛋時，只需要將一個蛋打勻，加入清水或蔬菜高湯到約中式碗的八分滿，蒸熟即可。寶寶第一次吃蒸蛋，可能沒有辦法完全吃完，大約半個蛋的份量就很棒了，不需要勉強寶寶進食整個蒸蛋。至於蛋黃泥的製作，可以直接將蛋（含殼）洗淨蒸熟，放涼後再剝殼取出蛋黃，稍微加些溫開水或蔬菜高湯，調成泥狀即可。蛋黃泥的整體體積會比整個蒸蛋小，對寶寶而言，可以一次吃完的機會較大。必須注意的是，蛋往往是導致過敏的食物之一，因此在開始供應蛋的時候，對於寶寶的糞便、皮膚外觀，都要更小心觀察是否有異狀。餵食蒸蛋或蛋黃泥的時候不需要心急，以避免容易發生腹脹的問題。

坊間有些寶寶專用的魚鬆或肉鬆產品，雖然方便使用，但並不是一個很好的選擇。因為一歲以前的寶寶，在飲食上盡量不要用調味料，才可以避免養成寶寶重口味的飲食習慣，連帶著可以降低因為喜歡較鹹的食物，而在日後誘發心血管疾病的風險。其實寶寶吃的份量並不多，只要在購買食材時盡量新鮮，烹調時以蒸、水煮、烤（外包鋁箔紙）等簡便的方式，就可以準備出寶寶需要的份量，過度加入調味料是多此一舉的。

有的寶寶已經在這個時段中冒出小乳牙了。在冒出乳牙的過程中，有的寶寶會出現發燒、拉肚子的情形，主要也是因為寶寶會因牙床癢而亂咬東西，因此這時候要特別注意寶寶的衛生掌控，可以降低因為長牙過程所發生的不適現象。

10～12個月

如果寶寶在十個月大之前的飲食狀況都適應得不錯，會明顯發現寶寶的身長和體重有明顯的增加：在0～6個月時，每個月可以長高約2.5公分，和增加約1公斤的體重；在7～12個月大之間，每個月可以約有0.5公斤體重的進帳；到週歲時，寶寶的身高大約可以長到出生時的1.5倍高左右。因為活動量的增加，在十個月大後所需要的熱量與營養都要相對提高。

這個階段的飲食內容，將比7～9個月時更豐富，而且因為小牙齒也都漸漸長出，泥狀的食物又可以漸進式的調整成固體的食物，例如從粥品到乾飯、從蔬菜泥到剁碎蔬菜、從果泥到小塊水果，讓寶寶充分練習咀嚼的能力。其實，媽媽如果為了小

份量的食物準備而傷透腦筋，可以一次製備較大的份量（約5～6個餐次），把新鮮的無刺魚肉、豬肉或牛肉，和清洗乾淨沒有農藥殘留的蔬菜等食材，連同洗好的糙米，一起熬成綜合粥，不需要添加任何調味料。熬出的粥品份量可以以乾淨的冷凍專用保鮮盒，最好是購買小容量的容器（約為200 c.c.，寶寶可以於一餐內用完的份量），於綜合粥稍涼後分別裝入保鮮盒中冷凍。這樣的冷凍過程可以保存約一週左右，只要以微波解凍或蒸熱解凍，寶寶仍然可以享有媽媽親手製備的各種新鮮食物。

有的媽媽會擔心冷凍保存的安全。其實，只要操作的過程合乎衛生安全，並在一週內食用完畢，解凍加熱後的成品，就營養素的含量和食物的口感而言，與剛剛製備好的食物是不相上下的。以這樣的供餐內容與方式，可以幫寶寶準備2～3種不同口味的綜合粥，利用週末或休假時幫寶寶準備好並冷凍備用。對忙碌的職業婦女而言，至少在下班後還可以讓寶寶吃到媽媽親手製備的餐點，就不用讓寶寶老是遷就大人的口味，提早吃到太多的各種調味料。另外，市面上也有各種寶寶的速食粥品，只要加了水煮滾後就可以食用，用意其實和媽媽的綜合粥相似，但是媽媽在準備的過程中，精心採買各種食物，也比較注意各個衛生環節，對品質的掌控，應該是比較有把握喔！

許多家長在餵食寶寶的時候，很容易因為寶寶吃得又快又好而沾沾自喜。其實，吃得太快的寶寶，並沒有真的做好咀嚼的工作，剛好媽媽又已經把所有的菜和肉都切的很細碎，寶寶稍微咬兩三下，就可以輕鬆下肚。一週歲左右的寶寶已經可以和家人進行初步的有效溝通，此時就得將飲食的正確習慣融入教養的一環。曾經有兒童行為研究專家發現，吃飯時容易快速吞飯的寶寶，在就學後的學習習慣也容易淪為「囫圇

吞棗」。例如看書的時候對字義的認知，只是看過去就交差了事，並沒有真的停下來思考這個字或這個辭，是不是有其他的說法或意思，所以整體的學習是片段的，可能升上小二後，對小一所教的內容，在暑假時就都還給老師了。

10～12個月大的寶寶，幾乎已經可以和家人一同進食，家人可以準備寶寶專用的高腳餐桌椅，讓寶寶一起上桌，最好是讓寶寶上桌前已經先吃一些飯或麵，上桌後再吃屬於寶寶自己的肉或菜。剛練習上桌吃飯的寶寶，有的會表現出相當「積極」，很興奮的注意其他家人吃的是什麼，有的會因此拒食屬於自己小餐碗裡的「特別食物」。這個時候媽媽可以從大盤子中夾一些比較沒有調味的食物，讓寶寶嘗嘗。總之，媽媽要有心理準備，餐桌上的戰爭會隨著寶寶越來越大，出現的頻率與震撼度也將越來越高。

為寶寶所準備的高腳餐桌椅，最好購買可以隨手以濕抹布擦拭的材質，例如木製品或塑膠製品，對於部分另外還外覆布料的產品，其實是外觀上較美麗而已，就實用度上並不如前者好。因為寶寶總是會突如其來的隨手把小湯匙隨便一甩，或不小心打翻了整個小碗，湯湯水水的食物，每天總是會不斷的弄髒小餐椅。所以，只要是可以隨手擦拭就馬上乾淨的材質，就衛生與實用度上都是比較務實的選擇。

至於寶寶專屬食具，可以考慮購買有固定作用的餐碗，讓小碗可以以真空吸盤方式黏妥在餐桌上，才不會因為寶寶的不熟練，一天到晚打翻小碗。這類食具的固定環可以拆開清洗，當寶寶大些也已經不會再抓不穩時，固定環就可以功成身退了。小湯匙或小叉子也要注意邊緣的材質是否完全圓滑，是否沒有製模時收邊的尖銳突起，確定沒有這些因素後，將可大大降低寶寶用餐時因為食具問題所造成的割傷意外。

從出生到滿週歲的飲食內容，可以參考由衛生署所公告的「嬰兒每天飲食建議表」，對於各大類食物的選擇內容、份量和配方牛奶的搭配次數與份量，都可以提供一個基本的建議參考。每個寶寶的食量，會與運動量和醒著的時間長短息息相關，因此，整體而言還是需要實際的評估，看看寶寶的身高、體重、頭圍和行為發展是否都正常。另外，每次施打預防針時，都必須由合格的小兒科醫師配合進行整體健康檢查，因為寶寶不像大人，可以透過語言完整表達出身體的自覺症狀。因此，媽媽或照顧者更要依照寶寶進食量、排便、活動情況等，提供給醫師足夠的主、客觀判斷依據，對寶寶整體的發展評量，是非常重要的一環。

表1-4 嬰兒每天飲食建議表

月齡＼項目	一天內餵養母乳次數	一天內餵養嬰兒配方奶次數	每次嬰兒配方奶次數	五穀根莖類	蔬菜類	水果類	蛋、豆、魚、肉類
1個月	7	7	90～140c.c.	因為消化酵素與消化道功能尚未齊全，只可以供應母奶和配方奶。			
2個月	6	6	110～160c.c.				
3個月	5	5	110～160c.c.				
4～6個月	5	5	170～200c.c.	米糊、稀粥、或麥糊3/4～1碗	蔬菜湯 1～2茶匙	果汁 1～2茶匙	
7～9個月	4	4	200～250c.c.	稀飯、麵條、麵線、土司麵包、饅頭、米糊或麥糊【註1】	蔬菜湯或蔬菜泥1～2湯匙	果汁或果泥 1～2茶匙	蛋黃泥、豆腐、豆漿、魚、肉、肝泥【註2】
10個月	3	3	200～250 c.c.	稀飯、麵條、麵線、乾飯、土司麵包、饅頭、米糊或麥糊【註3】	煮熟的剁碎蔬菜 2～4湯匙	果汁或果泥 2～4茶匙	蒸全蛋、豆腐、豆漿、魚、肉、肝泥【註4】
11個月	2	2					
12個月	1	2					

資料來源：行政院衛生署(1997)，嬰幼兒營養衛教單張。

【註】：表格使用說明：表格內的副食品，在不同食材的選用和替換間，可依照下列說明推算。

1. 7~9個月大時，一天內大約可以吃1.25~2碗稀飯、麵線、或麵條
=2.5~4片土司麵包
=2/3~1個饅頭
=2.5~4碗米糊或麥糊

這四大類的主食間，可以依家中的現有食材準備，讓寶寶可以吃到的總量相當於是各類的建議量。例如：9個月大的寶寶一天內可以吃的主食類範例：

範例	早點	午餐	午點	晚餐
範例一	半碗稀飯	1片土司	1/4個饅頭	半碗米糊
範例二	半碗麥糊	半碗麵線	半碗米糊	半碗稀飯
範例三	1片土司	半碗麵條	1/4饅頭	半碗稀飯

2. 7~9個月大時，一天內大約可以吃2~3個蛋黃泥
=1~1.5個4小方格豆腐
=1~1.5杯豆漿（240~360c.c.）
=1~1.5兩魚泥、肉泥、或肝泥

9個月大的寶寶一天內可以吃的蛋、豆、肉、魚、肝類範例：

範例	早點	午餐	晚餐
範例一	1個蛋黃泥	半兩肉泥	半兩魚泥
範例二	半兩肉泥	1個小方格豆腐	半兩肝泥
範例三	半杯豆漿	半兩魚泥	1個蛋黃泥

其中的半兩肉，在外觀體積判斷上大約是媽媽的一根手指頭大小；半兩魚大約是媽媽的1.5根手指頭大小；半兩肝大約是厚度約0.5公分的豬肝一片。

3. 10～12個月大時，一天內大約可以吃2～3碗稀飯、麵線、或麵條

=1～1.5碗乾飯

=4～6片土司麵包

=1～1.5個饅頭

=4～6碗米糊或麥糊

4. 10～12個月大時，一天內大約可以吃1.5～2個蒸全蛋

=1.5～2個4小方格豆腐

=1.5～2杯豆漿（240-360c.c.）

=1.5～2兩魚泥、肉泥、或肝泥

5. 表中所用的度量單位，1茶匙容量約為5c.c.，大約是家中喝咖啡或紅茶時用來舀糖的小湯匙大小；1湯匙容量約為15c.c.，大約是中式喝湯用的湯匙容量。1杯的容量為240c.c.。

整體而言，寶寶的飲食量如果大致遵循了「嬰兒每天飲食建議表」的建議，則寶寶可以攝取到的營養是相當均衡且足夠的，一般都已經可以符合營養素的參考攝取量。

表1-5 國人膳食營養素參考攝取量（Dietary Reference Intakes：DRIs）

營養素 年齡	身高 （公分）	體重 （公斤）	熱量 （大卡）		蛋白質 （公克）	鈣(AI) （毫克）	磷(AI) （毫克）	鐵 （毫克）	維生素C （毫克）
0月～	57.0	5.1	110～120/公斤		2.4/公斤	200	150	7	AI=40
3月～	64.5	7.0	110～120/公斤		2.2/公斤	300	200	7	AI=40
6月～	70.0	8.5	100/公斤		2.0/公斤	400	300	10	AI=50
9月～	73.0	9.0	100/公斤		1.7/公斤	400	300	10	AI=50
1歲～	90.0	12.3	稍低1050 適度1200		20	500	400	10	40
4歲～ 稍低 適度	110	19.0	男 1450 1650	女 1300 1450	30	600	500	10	50
7歲～ 稍低 適度	129	26.4	男 1800 2050	女 1550 1750	40	800	600	10	60

資料來源：行政院衛生署，2002年修訂版。

說明：

1. 未標明AI值者，即為RDA值。
2. AI=Adequate Intakes，足夠攝取量，當研究數據無法訂出RDA值時，以健康者實際攝取量的數據演算出來的營養素需求量。
3. RDA= Recommended Dietary Allowance (RDA)，建議攝取量，其數值表示可以滿足97~98%的健康人，每天所需要的營養素量。

第三章

小寶貝的活動力

——可以搭配的運動和遊戲

提供了適齡的營養食物，爸爸媽媽也必須透過一些遊戲和活動，觀察寶寶的整體發育狀況，也適當的訓練寶寶的各種感官反應，藉此對於整體的認知與專注力的建立，都將有明確的幫助。

滿月

發展程度

❶ 趴著時，頭部可以稍稍抬起。

❷ 對聲音有反應，例如聽到說話聲或音樂會變安靜或踢腿回應。

❸ 嘴唇周圍對奶嘴的刺激反應明顯，會有直接的張口和閉口的反射動作。

❹ 小手隨時緊握。

可以配合的遊戲或運動

剛滿月的寶寶每天醒著的時間並不長，可以利用洗澡前後的時間，陪寶寶進行一些遊戲：

❶ 輕輕按摩寶寶的小手和小腳。

❷ 利用不同材質的布料，輕輕碰觸寶寶的身體，讓寶寶的末梢神經可以體驗不同的觸感。

❸ 選擇輕快的背景音樂，幫小手小腳輕輕的完成騎腳踏車的踩步運動。

❹ 在小腿可以踢到的範圍，以紙板或鐵盒蓋子讓寶寶試踢，讓寶寶體驗踢到東西的觸覺。

❺ 因為小手常常緊握，可以讓寶寶的小手握住媽媽的食指，再扳開，讓他漸漸適應手部的緊張與放鬆感覺。

可運用的工具

❶ 故事CD：寶寶醒著時，可以讓他聽一些有背景音樂的故事CD，讓他熟悉不同的說話音調、與不同的音樂來源。房間中放置音響的位置最好稍微距離寶寶床遠一些。

❷ 音樂CD：選擇一些曲目較小，但較柔和的音樂，可以做為睡眠用的背景音樂訓練，讓寶寶聽習慣的音樂入睡，可以有效調整寶寶一天的作息。

❸ 各種材質的軟布：如媽媽的絲巾、柔軟的毛巾、粗粗的襪子，都可以訓練寶寶的觸覺反應。

發展程度

❶ 趴著時，胸部可以稍稍抬起。

❷ 小手偶爾可以放鬆。

❸ 對色彩鮮豔或黑白強烈對比明顯的物品，會專心注視4～5秒。

❹ 高興或興奮時會發出快樂的聲音。

可以配合的遊戲或運動

剛滿兩個月大的寶寶，大多數時間仍需要足夠的睡眠，但醒著的時候可以有較長的時間注意週遭的環境和聲音，給予的音調刺激或玩具的聲音，最好仍以柔和為主。

❶ 將玩具放在寶寶眼前約10～15公分的地方，寶寶會想伸手觸摸。

❷ 輕捏和按摩大肌肉，讓寶寶對觸覺有不同體驗。

❸ 每次喝奶或換尿布時，都要告訴寶寶正在進行的動作，讓他可以理解語言中的文字和實際發生事情的連貫性。

可運用的工具

❶ 因為寶寶對黑白對比的影像開始有注視力的集中能力，可以用電腦印出各種幾何造型的黑白對比色塊，放在寶寶的小床旁，讓寶寶醒著時可以觀察色塊。因為列印出的紙張上可能附有碳粉，最好注意紙張和寶寶間的安全距離。

❷ 一些可以訓練抓握的安全玩具。

滿3個月

發展程度

1. 頸部的控制力更成熟，可以在趴臥時撐起頭部。
2. 小手會想找些東西抓握，沒有東西握時，會輕鬆放開。
3. 對寶寶說話時，寶寶可以專心看著說話的人，也專心的聆聽。
4. 開始發展出不同的哭聲，撒嬌、肚子餓和尿褲子的音調會稍有不同。

可以配合的遊戲或運動

寶寶開始會有明顯的互動，依據不同人的互動，他也會產生不同的反應。爸爸媽媽要避免幫寶寶做過度刺激的遊戲，寶寶一旦習慣較刺激的感覺，越會想「挑戰」更刺激的動作，對日後學習時所需要的穩定度與專注力，將會面臨比較辛苦的建立過程。

1. 兩腿可以對稱性的伸展，並發展出完整的踢腿動作，可以在寶寶小腳踝上，套上小鈴鐺，讓他體驗踢腿時和鈴鐺產生的韻律感。
2. 可以在寶寶趴臥時，在前方放置安全玩具，讓寶寶想試著抓握而延展身體和上肢。

可運用的工具

1. 聲音愉悅的鈴鐺。
2. 一些布製的抓握玩具。

滿4個月

發展程度

❶ 會回應說話者，並發出不同的喉音表示回應。

❷ 可以被聲音或動作逗笑。

❸ 眼睛開始追隨移動的物體，可以穩定的移動眼光，試圖找尋目標物。

❹ 開始「啃雞腿」(吃手指)。

可以配合的遊戲或運動

❶ 可以開始學習翻身，但切勿心急，最好先觀察寶寶身體軀幹和四肢的協調發展程度，讓寶寶自己試一試。父母如果太心急，不但容易讓寶寶受挫，也容易造成上肢手臂的受傷。

❷ 有的寶寶頸部的肌肉已經可以維持較久時間的支撐力，所以俯臥時可以稍微轉頭「找尋」有趣的東西。因此，可以讓寶寶俯臥在軟墊上，在他身旁手構不到的地方放些安全玩具，讓他練習移動身體和手腳，拿到喜歡的物品。這個運動對四個月的寶寶而言，需要相當的專注力和體力，因此約只要進行5～10分鐘即可，否則容易讓他因為肌肉控制能力的協調度不夠，而肌肉過度痠痛而疲倦。

❸ 媽媽可以找一些材質較柔軟的毛巾，捲成約10公分長，利於手握的圓柱型。在寶寶洗完澡後，控制房間的溫度不至於受寒的狀況下，將寶寶放在鋪平的乾淨大浴巾上，開始對寶寶以乾毛巾捲輕擦身體。剛開始有的寶寶會不適應

這種刺刺癢癢的觸覺，但幾次後他會非常享受這段按摩時光。爸爸媽媽可以一邊幫寶寶擦身按摩時，一邊介紹身體各部位，也可以放些輕柔的音樂讓寶寶欣賞，按摩後穿好乾淨的衣物後，再給寶寶一些溫開水，接著寶寶就可以好好的睡上一覺了。

可運用的工具

1. 可以發出聲響的安全玩具，最好避免裝電池的玩具和會發出刺耳電成音樂的玩具。如果親友已經贈送這類玩具，可以用大面積的膠帶，將電池裝設處完全黏貼，以避免電池掉落的危險，並將聲音出口的喇叭黏貼完整，可以稍微降低噪音程度。否則，就先收起來等長大一些再拿出來使用囉。
2. 洗澡書，一種塑膠軟布做成的泡棉書，可以在洗澡時用，擦乾淨後也可以讓寶寶捏著玩和看。
3. 一些硬材質的書或布書。

……滿6個月……

發展程度

1. 看到喜歡的人會主動發出愉快的聲音。
2. 會發出一連串的聲音。
3. 利用雙手輔助撐坐著約可達30秒。

❹ 會自己由俯臥變仰臥，自行翻來翻去囉！

可以配合的遊戲或運動

寶寶會自己翻身了！要主動注意寶寶所處位置的安全，避免單獨將寶寶放在大床上，即使圍著枕頭或大抱枕，寶寶都有可能越過或推除障礙物，而掉落床下，除非有安全堅固的床圍保護。

❶ 這個時候的寶寶開始會展現其旺盛的探索能力，有的寶寶會匍匐前進了，頂著小肚子到處看看。爸爸媽媽得開始特別注意家中的整潔，因為小寶貝隨手找到新東西，就會立刻用小嘴試一試是什麼味道。

❷ 寶寶可以被直抱得相當挺直，可以帶他出門曬曬太陽。滿六個月大的寶寶，常常會開始容易生病，一方面因為媽媽初乳中的免疫球蛋白的保護作用，已經告一段落了；一方面也因為寶寶會開始亂咬東西和亂摸亂吃，所以必須隨時以乾淨小毛巾清潔小手和小臉。

可運用的工具

❶ 方便小手抓握的玩具，小手仍會習慣抓緊，要讓他練習放下或傳給爸爸媽媽。各種顏色的木頭積木、小鈴鼓、手搖鈴都可以運用。

發展程度

1. 會主動轉頭找尋來自後方或旁邊的聲源。
2. 開始理解大人的手勢或音調，稍微克制一下行為。
3. 會主動爬行到處找掉落在地面上的物品，並用嘴巴試一試味道。
4. 可以扶著桌子維持站姿。
5. 躺著時，會將小腳拿來嘗一嘗。

可以配合的遊戲或運動

九個月大的寶寶可以展現很迷人的笑容，對不同的人或物，也會開始發展出不同的喜好程度。有的寶寶已經可以站得很好，但時間不要過長，因為小脛骨和腿部肌肉的發育，都還不夠讓寶寶長時間站立，日後可能會讓寶寶的腿型和站姿都不夠美麗。

1. 鼓勵寶寶多爬行，因為跪著爬行時的訓練時間越長，對寶寶日後的整體運動平衡度將又更有幫助，爸爸媽媽必須注意寶寶在爬行時，腳趾頭是否可以完全背貼著地面。
2. 有的寶寶在稍大後會發展出「站爬」的功力，就是手仍支撐地面，但已經用腳底支撐下半身，看起來像一個倒「U」字型。這個動作可以訓練寶寶的手腳在前進時的交互移動，相當於是日後學習直立行走的前置暖身期。但主要還是以跪爬為主要運動和前進的方法。

可運用的工具

1. 安全的沙灘玩具可以充當洗澡玩具，讓寶寶體驗舀水和倒水的重量改變，與手部肌肉不同的用力程度。
2. 可以以練習撕紙的遊戲來訓練小手的拿捏力道，面紙或乾淨未用的影印紙都可以。如果使用色紙或回收紙，必須注意寶寶的咬紙行為，色素或碳粉都對寶寶的健康不利。
3. 這時候可以使用的玩具相當多元化，父母親絕對不要看到什麼都想買。有些是可以自行製作或改裝的，例如塑膠或鐵的餅乾盒，就可以拿來讓寶寶敲敲打打，體驗不同的力道所產生的聲音變化；在六個月大時所添購的木頭積木可以讓寶寶練習疊高再推倒。所有的玩具都需隨時檢查，如果發現已經脫漆，就必須捨棄，因為這些漆料都可能含有鉛和染劑等化學物質，對寶寶的健康不利。

滿12個月（週歲）

發展程度

1. 可以明瞭簡單的辭彙，並且說出一些簡單的字。
2. 會用力丟擲物品，並且看著物品的走向和結果。
3. 開始練習用拇指、食指與中指的指尖抓取小東西。
4. 有的寶寶已經可以扶著桌子或獨立行走。

可以配合的遊戲或運動

❶ 玩聽和找：寶寶可以認識的字彙和物品都已經進步許多，可以多陪他玩聽和找的遊戲，一方面讓他多爬行，一方面可以確定他對指令的認知程度。

❷ 形狀認知：可以利用積木或幾何圖形，讓寶寶對應找出答案。

❸ 滾球和接球：利用軟球和寶寶玩滾球和接球的遊戲，寶寶和媽媽都採坐姿，可以訓練寶寶上半身大肌肉的協調動作。

❹ 如果寶寶已經可以扶著桌子或獨立行走，家長必須雙手攙扶，避免長期習慣單手攙扶，使寶寶的部分手部肌肉長期呈現緊張狀態。

❺ 如果白天寶寶走得太久，可以利用洗澡時間按摩大腿和小腿肌肉，讓肌肉稍微放鬆。

❻ 如果寶寶滿週歲還無法獨立行走，千萬不要心急，如果他爬行的速度非常矯捷，表示他只是還沒有準備好要站著走路。其實一旦寶寶開始站著走，家裡的物品就要開始隨時淨空，只能留有專屬於寶寶的活動空間了。

可運用的工具

1. 大型的閃示卡，市面上的閃示卡琳瑯滿目，可以依訴求分類購買，例如蔬菜、水果和食物，就可以和寶寶親眼目睹的實體相對照，開始訓練閱讀與認知能力。
2. 插頭插座保護套：這個時候的寶寶最喜歡把小手往細小的洞鑽，不用的插座最好都放妥專屬保護套，避免小寶貝誤觸而觸電。
3. 各種認知小書和繪本。

整體而言，滿週歲以前和寶寶的互動是繁瑣而容易令人緊張的，寶寶也需要大人不時的主動交談，讓他們建立語言認知感與安全感。常常會在街上或公園看到推著娃娃車的媽媽，好像自言自語般的說話，其實她們都正在向寶寶介紹週邊的環境。這樣的溝通訓練，永遠會比故事CD或電視機的聲音來的更有共鳴，寶寶對環境的聯想和語言的認知，都將更有發展潛力。只是在過渡時期，照顧者會相當勞心與勞力，因此，必須更小心照顧自己的身心，才可以提供寶寶一個更健康安全的生活環境。

第四章

寶寶生病了，怎麼辦？

寶寶不免會因為溫度差異變化、小哥哥或小姊姊從幼稚園帶回的細菌或病毒，或照顧者本身感冒等外在因素，而被傳染感冒。有時候感冒除了上呼吸道的症狀外，也伴隨著腸胃道的症狀，影響到小寶貝的進食狀況，因此需要額外注意。

發燒

發燒是因為細菌感染而引發的症狀之一，發燒的反應是身體的免疫系統正在與外來病菌抗衡中，而導致的生理反應。因此一旦發生體溫升高的情形，不應該只注意體溫的控制，同時也必須經由小兒專科醫師的協助，找出真正導致體溫升高的原因，才可以真的控制病情。體溫升高時，爸爸媽媽可以協助和注意的事項包括了：

一、紀錄體溫的變化

一般爸爸媽媽可能很少知道寶寶在正常時的體溫，一般約在攝氏36.5度上下。其實寶寶的體溫調節能力並不太好，在平日就可以以耳溫槍測量並將正常狀況下的體溫紀錄下來，當寶寶體溫升高時，才有一個基準值可供參考。因為身體內的酵素系統都需要維持在約攝氏36～37度的溫度下，才可發揮各種酵素的調節功能。因此體溫升高過快或過久，都會影響體內酵素的生理機能、寶寶的消化道功能，以及神經傳導功能等都會連帶受到影響，所以寶寶才會出現精神不佳、食慾不振或腸胃不適等症狀。

一旦出現了體溫升高的狀況，可以先用冰枕讓寶寶冰敷。一般的冰枕溫度過低，寶寶會非常排斥，所以媽媽可以在平日以乾淨的毛巾（一般尺寸），對摺後將兩側縫邊縫好，留下一側開口方便裝入冰枕，就可以形成冰枕專用的枕頭套。一方面拿取時比較方便，一方面可以透過多餘毛巾布料的摺疊，提供一些柔軟度和避免溫度過冰，寶寶才會比較樂意躺久一些。媽媽還必須隨時摸摸小寶寶的額頭，和肩頸背部，一旦發現稍微溫熱，就必須立即再測量溫度，並且依測量的實際時間紀錄寶寶體溫的變化，如果短時間溫度快速升高或體溫遲遲不降，就必須讓小兒科醫師診斷，並藉著藥物的幫忙來退燒。

一般的退燒藥物，必須至少間隔4個小時才可再度使用。使用的劑量也和寶寶的體重息息相關，因此務必將正確訊息告知醫師，避免寶寶誤食不正確的劑量。如果在使用藥物後4小時內，體溫仍然沒有降低，可以嘗試洗溫水澡，藉由身體表面積的散熱，幫助降溫。

二、補充足夠的水分

人體透過排汗的過程將多餘的體熱散出，因此，睡了冰枕或使用藥物後，寶寶都可能會大量流汗。流汗後必須立即擦乾並換上乾淨的衣服，維持寶寶肌膚的乾爽。這時，水分的補充非常重要，有的醫生會建議餵食電解質飲品，以補充電解質的流失與不平衡。

四個月前的寶寶因為還不能進食副食品，因此在補充水分時只能利用冷開水或奶水。四個月後大的寶寶可以替換一些不會引發寶寶過敏的稀釋果汁或蔬菜湯，或是以白米或糙米熬煮的稀飯湯，可以一起補充水分和部分的其他營養素。因為寶寶發燒常常伴隨著食慾不振，所以在攝取的意願也都偏低的情況下，最好是以少量多次的方法供應各種水分來源。

拉肚子

寶寶之所以拉肚子，一般為細菌感染或病毒的胃腸道發炎、食物過敏引起的胃腸道不適、或是副食品的適應不良等因素所造成。一旦發現寶寶有拉肚子的情況，而且水瀉得很嚴重，必須額外注意製備寶寶食物時的環境與製備者的手部清潔，並且盡快釐清原因，才不會讓寶寶因為過度水瀉而導致脫水。

一、感染型的胃腸炎

常常會伴隨著發燒，有時候會同時出現上吐下瀉的情況，如此一來，更要小心脫水的狀況發生。一般而言，發燒和嘔吐的急性期大約會持續2～3天，之後拉肚子的現象可能持續4～5天不等。越小的寶寶罹患感染型的胃腸炎，危險度就越高，因為寶寶的進食量本來就不多，一旦因為嘔吐或腹瀉頻繁，都會讓水分與營養素的流失快速而嚴重。一般的腸黏膜細胞的生命週期約為3～7天，也就是每約7天，就可以替換出一批新的腸黏膜細胞。只要在寶寶感染階段更注意飲食、玩具和環境的清潔，並給予少量多餐的狀況下，不要給腸胃道太大的負擔，應該可以在一週左右順利康復。如果病程已經延續超過一週，必須透過小兒科專科醫師的幫忙，做進一步的診斷與治療。

二、食物過敏

有的寶寶因為乳糖的消化能力不足，無法接受母奶或配方牛奶，也會持續因為攝取乳製品而腹瀉，這時必須盡早改用低乳糖或無乳糖配方的嬰兒奶粉，或是豆奶製品，讓寶寶仍然可以攝取其他來源的食物，才不會導致營養不良。

三、副食品的適應不良

副食品的添加過程中，因為寶寶的消化酵素系統仍在慢慢架構當中，如果發現某一種食物會讓寶寶出現拉肚子的反應，都必須先行停用。這類的腹瀉因為沒有涉及感染的問題，只要停用適應不良的食物，大致上都可以馬上緩解拉肚子的問題。家長可以紀錄哪些食物會讓寶寶適應不良，在間隔數週後如果再行試用，寶寶仍然有不舒服的反應，可以考慮將這個食物列為寶寶的過敏原食物了。

寶寶拉肚子時，在四個月大前只能提供母奶或配方奶（除非是乳糖不耐的寶寶，要另外提供豆奶與無乳糖配方奶），四個月大後，可以考慮一些富含水溶性纖維的稀釋果汁。藉由水溶性纖維的幫忙，一方面可以和腸道中的水分形成果膠反應，讓水瀉的狀況緩解，一方面大腸中的有益菌可以利用水溶性纖維進行發酵並產生有機酸，藉此抑制壞菌的滋生和繁殖。四個月大的寶寶可以開始喝些蘋果汁，較大的寶寶則可以吃些蘋果泥，就會有上述的效果。

有些小兒科醫師會推薦使用一些腸益菌製品，家中可以備用著。當寶寶出現拉肚子時，若是粉狀產品就可以直接加到冷開水中溶化餵食，若是錠狀則可以經壓碎後再溶化餵食。這些有益菌在水瀉的過程中會連同腸道的排泄物一同排出，因此適時適當的補充是必要的，至於使用的劑量會因應各種廠牌而有不同，就必須請教醫師與藥劑師，並因應寶寶的年齡與體重而調整了。

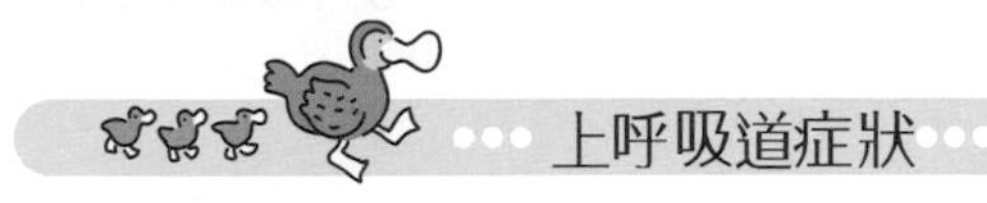

上呼吸道症狀

寶寶有可能因為照顧者或小哥哥、小姊姊的傳染，也一起感冒了。照顧感冒的小寶寶是一件吃力的工作，因為生病的寶寶會容易睡不好、吃不好，只會大哭大鬧來展現自己的不舒服。

一、幫助化痰

小寶貝在上呼吸道感染時，因為仍不會將痰咳出，總是會聽到寶寶在呼吸時，有很明顯的濃濁聲音，咳嗽的時候，也會聽得出來上呼吸道有痰，但就是咳不出來。這時候多喝溫開水是最根本的辦法，讓呼吸道的痰液稀釋，較容易咳出，也可以配合一些穴位的按摩，讓寶寶的症狀稍微緩解。

二、改善鼻塞

寶寶鼻塞時，很容易讓寶寶的睡眠品質受到影響，往往不容易真的入睡，也會因為沒有獲得完整的休息，寶寶的情緒非常不穩定。喝奶的時候，因鼻塞的換氣不方便，進食的量也變少了。可以在寶寶情緒還頗穩定的時候，以溫熱的毛巾稍微溫敷一下寶寶的鼻翼處，寶寶可以因而稍微疏通一下鼻塞的困擾。稍微大的寶寶可以按摩鼻翼穴和合谷穴，對症狀的緩解和改善也會有一些幫忙。

三、適度按摩

坊間有些幼兒按摩的書籍，非常推薦家長備用。選購時最好挑選附有詳細圖解說明的，對於使用的時機，以及按摩的方法和力道，都會有詳細說明的為佳。一些大面積的按摩，可以利用柔軟的乾毛巾捲加以輔助。寶寶剛開始對於局部的按摩，因為身體的不舒服，可能會出現排斥的現象而哇哇大哭。最好利用他們心情好的時候，一邊和他們面對面說話，一邊輕柔的做一些穴位按摩，將可大大轉移他們的注意力，漸漸的對症狀的改善會有些許幫助。

寶寶生病時，是讓全家陷入精神緊張的特殊時期，半夜的哭蹄，伴隨著哭太用力而吐奶，隨時隨地不定時的亂發脾氣等，往往讓照顧者心力交瘁，也非常心疼。家中有小寶寶時，全家人必須更注意個人衛生習慣。如果家人不幸先感冒了，適度的隔離是有必要的，戴口罩、勤洗手，與寶寶保持安全距離，保持室內空氣的流通……等，都務必切實執行，可以有效降低寶寶受到感染的機會。尤其當親朋好友來探訪時，也可以客氣的請他們洗淨雙手才抱或觸摸寶寶，畢竟寶寶可以耐受的細菌和病毒的量與種類，還沒有辦法像成人一般已經歷經百戰，大人不以為意的小感冒，對寶寶而言都會造成一陣子的飲食與生活不正常。相對的，寶寶好不容易吃進去的營養，又要被用來應付生病的生理消耗了。如果生病的頻率過高，會讓寶寶的飲食量受到影響，生長發育的情形就不免會讓爸爸媽媽操心了。

第五章

和爸爸媽媽的親密對話

寶寶在一歲前與外界的互動，一般傾向於被動，但是這段黃金時段，卻是建立寶寶安全感與信任感的重要時期；基本的營養需求，也將奠定日後對飲食的認知態度和口慾需求的習慣。所以，照顧者必須要秉持健康愉悅的心態，對單調、繁複又感覺不到具體回饋的過程中，細細的品味寶寶的各項進步。

對於雙薪家庭中，要把寶寶留給他人照顧，其實是非常兩難的過程，一方面自己心理總有一些具體想法來養育自己的寶貝，擔心別人沒有辦法「完全」符合，在溝通上也會因為雙方既有的概念落差，而較難完全契合；一方面，工作的時間與接送寶寶的時間取捨，也常常讓爸爸媽媽忙得像兩頭燒的蠟燭，非常緊張。選擇褓母時，可以參考一些經驗，幫寶寶物色一個安全的環境，讓寶寶健康的長大。

找褓姆的法則

一、保育環境的安全與整潔

在找尋合適的褓母過程中，不能只單獨以電話聯絡，必須要親自拜訪褓母家中，看看褓母家中的家具陳設是否有注意到幼兒的安全，家庭的整體環境是否維持一定的整潔度，可以避免寶寶在爬行時誤食玩具或其他物品。對於一些基本的生活習慣，看似平常，其實一方面會影響寶寶的健康與安全，另一方面，在寶寶週歲後也會漸漸被生活環境中的既有印象影響，寶寶會不會習慣和容易接受訓練，願意自己動手收拾自己的小書和玩具，都會受照顧者的習慣和引導而左右。

二、褓母的個人衛生習慣與健康狀態

不可諱言的，一些褓母是因為家庭經濟的因素，才需要幫別人帶養小孩，可是是否夠專業，在初次碰面時很難有個判斷的依據。媽媽可以從褓母的個人衛生習慣，包括洗手的頻率和方法、服裝儀容與頭髮的整潔、準備給寶寶的玩具的清潔度、褓母的精神狀況、褓母與她的家人的互動和對話語態當中，稍微判斷褓母是否合乎自己心中的標準。也可詢問褓母在提供副食品過程的心得，和一些製備寶寶食物的經驗，可以判斷褓母是否有基本的飲食營養觀念，對寶寶的腸胃道適應將較有保障。

三、利用寶寶生活紀錄表

一些經過專業訓練的褓母，已經知道利用「寶寶生活紀錄表」來和爸爸媽媽溝通，爸爸媽媽可以較客觀的瞭解寶寶白天中的飲食和排泄狀況，傍晚接回寶寶後，容易順利的延續寶寶的用餐情形。但是，願意這般仔細幫忙的好褓母是可遇而不可求的，如果褓母自己覺得「身經百戰」，可以很精準地掌握寶寶的各種狀況而且過目不忘，爸爸媽媽倒也不必堅持一定要褓母做完整紀錄。如果褓母可以在交接時，很仔細的說明寶寶當日的活動和進餐狀況，應該也足夠了。

四、詢問其他媽媽的意見

這是一定要多方探測的基本功課，可以詢問之前褓母曾經經手的寶寶家庭、褓母

的鄰居，越多的資訊，可以讓自己越放心。

五、褓母家中的其他成員

寶寶會待在褓母家中一整天，因此，褓母家中的其他家人，多少也會和寶寶產生不同程度的互動。家人是否抽菸、說話態度和語調大小、照顧寶寶的空間是否干擾了其他家人的活動空間等，這些訊息都可以在拜訪時稍微詢問，彼此瞭解雙方的理念，比較不會造成日後的誤解與困擾。

六、對於認知差異的協商

一旦決定好要托育的褓母，剩下的就是保持良好關係的互動了。最容易產生認知差異的部分是寶寶生病的判斷，與副食品的添加內容和順序，有的新手媽媽因為自己的臨場經驗較不足，對寶寶是否出現異狀，也很難具體察覺。這時候，好的褓母反而會提供詳細的經驗分享，讓媽媽可以順利的和寶寶一同度過寶寶生病的混亂期。而副食品的添加狀況，基本上更要開誠佈公，才可以讓寶寶的胃腸道適應與免疫系統的協調度發展，更加平順。如果媽媽發現褓母的餵食內容與順序，和較新的營養建議是相左的，不妨可以買些專業度夠的雜誌或書籍，送給褓母參考，最大的受惠者，就是自己的寶寶囉。

一般而言，爸爸媽媽會在寶寶還在媽媽肚子裡約7～8個月大時，就開始尋訪褓母，因為口碑好的褓母是要提早預約的。有事前的準備功課，也開始和褓母建立良好的朋友關係，都將對寶寶在一個陌生的環境中，提供更安全的保障，而且寶寶多半會待在褓母家長達2～3年的時間，維持良好的互動和溝通，將給寶寶一個快樂成長的安全環境。

Part 2

開始耍寶的小可愛

1~3歲的小小孩

度過了手忙腳亂的第一年，在幫小寶貝過生日、吹蠟燭吃蛋糕的時候，許多爸爸媽媽不免會百感交集，覺得時間過得好快，一轉眼間，寶寶已經可以自己站得很好，有的也已經會跑會跳，很會耍寶了。回想一年前寶寶還軟趴趴，每天只會吃、睡、哭，和現在的模樣相比，會突然驚覺自己總算熬過第一年了。第一年的日子裡很難真的感覺得到寶寶的主動回饋，多半的時間媽媽總是睡眠不足，總是擔心寶寶生病、跌倒、受傷，還有一堆搞不清楚原因的耍賴或發脾氣。

不過，接下來要進入的時段可是最艱難的一段喔！許多爸爸媽媽在寶寶一歲半左右，會突然回想並「羨慕」當年寶寶還處在爬行階段的時光，因為，小寶貝頂多是到處撿起地上的東西，只要把地上清乾淨就沒事了。可是現在可不一樣了，小寶貝會「進攻」到廚房、浴室、爸爸的書桌、任何希望他不要動的東西，他們都會趁大人們不注意的時候，好好的「探索」一番，如果發現小寶貝有一陣子沒有發出任何聲響，可能就是正在某個角落裡進行某種「陰謀」了。這段日子總是會讓媽媽們覺得更疲累，但是，請相信我，爸爸媽媽心中對小寶寶最甜美的回憶，往往就在這個階段裡一一的鋪陳出來……。

第一章
生理的發展與變化

度過了寶寶的週歲生日後，會發現寶寶變得不一樣了，對環境的探索能力越來越主動，有一點「天不怕地不怕」的淘氣模樣。這時候的大小便因為肌肉控制力的不足，還沒有辦法完全自制，包著尿布的小屁股搖來晃去的，在家裡和戶外勇往直前的向前衝（因為大腿和小腿的肌肉也還沒有真的完全會控制剎車），不免讓大人們心驚肉跳。

一般而言，寶寶的胃腸道功能已經大致成形，除了對各個體質的過敏耐受程度不同的食物，需要特別注意以及避免之外，寶寶可以開始由軟質的食物，進展到固體的食物。這個過程因為配合齒顎的發展，要鼓勵寶寶多咀嚼，讓唾液也可以發揮分解澱粉的起始功能。

寶寶的體溫控制系統也進步了，遇冷時毛孔緊縮和遇熱時排汗的功能，都可以調節得不錯。只是他們對冷和熱的感覺描述能力還沒有建立，爸爸媽媽必須注意室內外的溫差，適度的添減衣物，但也沒有必要幫寶寶像包肉粽般的層層包裹。只要以手摸寶寶的上背部和小手小腳，當維持溫熱的狀況時，就表示寶寶的衣物剛好，穿的太厚重時，寶寶留了汗悶在內衣裡，反而容易著涼。

寶寶這時候會找東西磨牙，亂咬玩具或書，因為小乳牙陸續長出，讓小寶寶在過渡期有些不安，媽媽要注意幫小寶寶清潔口腔。這時候媽媽要坐在像牙醫師的看診位置，讓寶寶躺在大床或沙發上，頭部枕在媽媽的大腿上，寶寶一方面較有安全感，一方面媽媽也較好操作。可以利用乾淨的紗布手帕，沾些溫開水，輕輕的擦洗小乳牙和牙床，配合一些韻謠，讓寶寶覺得這也是一種遊戲，進行起來會比較順利。

第二章 小可愛該吃些什麼——飲食進度與內容

在這個階段的小寶貝，玩具的吸引力常常是遠大於食物的，要叫他們乖乖坐著並在一定時間內吃完所有的預定食物，往往很具挑戰性；一方面挑戰媽媽的耐性，也同時挑戰了小寶貝的意願。

整體而言，一到三歲的寶寶所需要的進食內容大約如下表所示：

表2-1 一到三歲幼兒的一天飲食建議量

食物種類	建議份量
牛奶	2杯
蛋	1個
豆腐	1/3塊
魚	1/3兩
肉	1/3兩
五穀根莖類	1～1.5碗
油脂類	1湯匙
深綠色或深黃紅色蔬菜	1兩
其他顏色蔬菜	1兩
水果	1/3～1個

資料來源：行政院衛生署，幼兒期營養，1997年。

一般而言，滿週歲的寶寶進食量可能開始出現很大的差異度，有的寶寶仍然依賴牛奶為主食，對於一般食物的進食意願不大。有的時候是照顧者的堅持度不夠，因為辛苦製備了寶寶專屬的食物，寶寶又不見得賞臉吃光光，而且喝牛奶只約需10～15分鐘，吃頓飯可能得花費至少半小時才可以安然結束。所以，媽媽仍然要有果斷的意志力，堅持讓寶寶每天至少有三頓是正常餐次，母奶或配方牛奶其實應該退居為次要的營養補助角色了。

這時候的寶寶在食物的選擇度上，可比一歲以前豐富多了，表中的「1～1.5碗飯」的份量，可以在下列不同的五穀根莖類食物中來替換：

一碗飯＝1個台灣饅頭＝半個山東饅頭
＝1碗熟馬鈴薯＝1碗熟芋頭＝1碗熟地瓜
＝1碗熟紅豆（不含湯和糖）＝1碗熟綠豆（不含湯和糖）
＝2碗白粥（濃稠度適中）＝2碗熟麵條＝2碗熟米粉＝2碗熟冬粉
＝4片薄（全麥或白）土司（約100克）＝4個小餐包（約100克）
＝4片芋頭糕（約240克）＝4片蘿蔔糕（約200克）＝140克豬血糕
＝8張春捲皮（約120克）＝12張餃子皮（約120克）
＝28張餛飩皮（約120克）＝12片蘇打餅乾（約80克）
＝2支約14公分的玉米棒＝1碗罐頭玉米粒（約280克）

＝540克南瓜（未去皮和子）＝440克山藥（未去皮）

＝200克菱角（約28個）＝半斤荸薺（約28個）

＝200克栗子（約24個）＝35～40個小湯圓（未包餡）

＝1個燒餅＝12湯匙燕麥片（約80公克）

＝2碗米苔目（約240公克）

＝100克乾麵線

＝80克乾通心麵或義大利麵條

＝12湯匙麵粉（約80公克）

＝7湯匙西谷米（約80公克）

因此，如果寶寶可以吃四個餐次，他的五穀根莖類食物的分配範例，就可以有些多元化的選擇：

表2-2 一到三歲幼兒的主食類內容範例

主食	早點	午餐	午點	晚餐
範例一	1片全麥土司	1/4碗飯	1小碗紅豆湯	半碗麵條
範例二	1/4個台灣饅頭（3×1×7立方公分大小）	半碗粥	豬血糕（2×1×6立方公分大小）	半碗熟的彎管麵
範例三	1片蘿蔔糕	半碗熟麵線	1個小餐包	3張水餃皮

這些餐次中，有些主食類的餐點已經可以與其他家人同時製備，例如義大利麵、白飯、麵條、水餃……等，所以寶寶不會因為「覺得」和家人吃的不同而抗議。只是口味上仍然必須注意，寶寶的部分不需要額外添加過度調味料，尤其像味素或是雞精粉等，讓他們仍然盡量接受食物的原汁原味。因為寶寶的腸胃道抵抗力也較好了，許多食物可以購買現成的替代品，像是小餐包、各種饅頭和麵包、蘿蔔糕、豬血糕……等。小餐包可以直接供應，而蘿蔔糕和豬血糕，在一歲到三歲時，建議採用水煮的方式加熱，去除多餘的鹽和油，切成小寶寶一口大小的體積，瀝乾後讓寶寶用小湯匙或小叉子慢慢吃。

至於蛋白質食物的部分，連同蛋的攝取，寶寶一天內大約可以吃到二兩肉的蛋白質類食物。一兩肉的體積大約是媽媽的手（手指和手掌）的四分之一大小，這些食物來源，最好還不要選擇加工食品，各種去骨和刺的無筋肉品、魚肉、肝、豬血或鴨血、新鮮的蛋和豆腐，已經足夠兼顧營養與美味。而蔬菜類的食物，每天的攝取總量大約為75公克（二兩），若以目測預估，大約是成人的中式飯碗的四分之三碗份量左右，折合約四個中式湯匙（平匙）的份量。媽媽可以選擇各種新鮮的各色蔬菜，洗淨泥沙、小蟲和農藥後，切碎加入麵或粥品中烹煮，讓寶寶養成吃蔬菜的習慣，對其糞便的品質和腸道的保健，都是很重要的基本要素。

如果將蛋白質類食物和蔬菜類食物，試著搭配表2-2的主食類後，媽媽可以比較有概念的均分一下寶寶整天可以吃的食物。有了這樣的概念和推算，對寶寶的整體進食量將較有把握，隨機互換的搭配概念也更容易建立。寶寶可以開始吃一些固體的水果食物，如果水果質地較軟，可以直接供應水果丁，例如：西瓜、香瓜、黃金奇異果、柚子、木瓜、去子和去皮葡萄、葡萄乾、柳丁、荔枝、芒果……等。如果水果質地偏硬，為了避免寶寶咀嚼不全而噎著，最好還是先磨成泥狀比較安全。

表2-3 一到三歲幼兒的餐點內容範例

	早點	午餐	午點	晚餐
範例一	1片全麥土司 半個荷包蛋 1杯低糖豆漿	1/4碗飯 1片豬肝切丁 1湯匙的紅蘿蔔細絲 1湯匙的高麗菜絲	1小碗紅豆湯	半碗麵條 1兩肉絲 1湯匙的青江菜末 1湯匙的金針菇細段
範例二	1/4個台灣饅頭 1杯牛奶	半碗粥 1兩魚肉 1湯匙的菜豆丁 1湯匙紅蘿蔔丁、木耳末	豬血糕 (2×1×6立方公分大小)	半碗熟的彎管麵 1兩碎豬肉 1湯匙蘑菇片 1湯匙敏豆丁
範例三	1片蘿蔔糕 (3×1×7立方公分大小) 1杯米豆混漿 (米漿混合豆漿)	半碗熟麵線 豆腐丁(總體積約為2×3×3立方公分大小) 1湯匙絲瓜丁 1湯匙空心菜末	1個小餐包 半杯低糖豆漿	3張水餃皮 1兩碎豬肉 1湯匙高麗菜末 1湯匙菠菜末

寶寶已經喝了好久的母奶或配方牛奶了，有些時候會出現所謂的「厭奶」情況。如果寶寶已經開始吃一般食物，進食狀況也不錯，偶而的厭奶對整體營養的供應，並不至於造成嚴重的負面影響，可以暫時採用低糖豆漿、排骨湯來補足鈣質方面的需求，等寶寶對奶製品的排斥力稍微降低後，再慢慢的添加供應。

至於「斷奶」的定義，並不是完全不再攝取奶品，而是牛奶的供應容器由奶瓶轉為杯子。一開始寶寶多半會抗拒，或把杯子當成玩具，將杯子中的牛奶倒得到處都是；許多媽媽也因貪圖方便（因為寶寶使用奶瓶已經得心應手，交給他後，他會自己找一個地方，很安全的快速喝完），會將奶瓶期再度延後，有的寶寶即使上了幼稚園，還繼續習慣使用奶瓶。其實這樣的過程會影響寶寶的齒列發育，也非常容易造就成「奶瓶性齲齒」，並不是一個很好的妥協空間。

其實，一到三歲間，除了正常的供餐時間外，會有許多時間和機會讓寶寶嘗試各種點心與零食。點心和零食上就內容與定義是有些差距的：點心可以由各種以五穀根莖類的主食，搭配一些營養成分高的蛋白質食物製備而成，或者直接以各種新鮮水果做為點心；例如低糖的紅豆湯、綠豆湯、西米露、豆花、布丁、豆漿、米漿、果凍、餛飩湯、自製煎餅……等，主要可以自行製備，口感的甜度可以以健康的角度衡量添加。而零食往往是含有高糖、高油、高鹽、甚至各種為了食品的風味而添加的食品添加物。

事實上，在國外的相關研究也陸續證實了，小小孩在小時候開始，就讓他們養成吃各種加工品的習慣後，日後對於食物的取捨將更挑剔，對於脾氣的穩定更困難，對於專注力的訓練和建立將更排斥。甚至有的個案在零食的攝取份量，已經大大取代了應有的正常餐次的內容，對於重要的微量營養素攝取明顯不足，因而影響寶寶腦細胞的發育。寶寶的腦細胞和神經系統的建構過程中，從零歲到三歲間是非常重要的黃金時期，缺少了正確食物中的營養菁華，也相對讓寶寶的腦部發育一開始就處於劣勢。這些人為的缺失，

可能沒有辦法透過日後上昂貴的補習班或才藝班，可以幫寶寶彌補得回來的。

要幫寶寶杜絕零食的誘惑，其實不只有爸爸媽媽要把關而已，而是親朋好友得一起幫忙。因為實際的案例探討總會發現，往往是爸爸媽媽確實知道不要再給寶寶餅乾和糖果了，但是各方的親戚朋友總會好心的提著大包小包的各種產品，奉上門來讓寶寶品嘗，讓把關的爸爸媽媽很尷尬也很為難。哪個寶寶不愛吃糖？當然會自動自發的主動消費了，而當中的產品品質與消耗頻率的掌控，爸爸媽媽真的要小心經營才是。可以「建議」親朋好友如果真的為了寶寶著想，考慮試著改送一些益智玩具、兒童圖書、音樂CD、故事CD等物品，一方面可以顧慮到寶寶的健康訴求；另一方面，花同樣的預算，可是可以被寶寶利用更久的時間，其實是更划算而有紀念價值的。

第三章
小可愛的活動力
——可以搭配的運動和遊戲

一歲的寶寶如果已經會獨自行走，一天內最愛做的事就是跟在媽媽後面走來走去，以及到原來不常去的房間探險、晃晃。一歲以前的踢腿、爬行、翻身、站立後跌倒再爬起等各種肢體訓練，將在寶寶腦裡漸漸出現統合的運用。寶寶會練習和思考要走多快可以追上媽媽，要用多少力道可以把球丟多遠，本來雙手習慣舉高的平衡感作用，會隨著走路的漸漸熟悉而可以自然放下，這些過程，都展現了寶寶想要發揮自主力的空間。寶寶的觀察力也漸漸養成了，他會模仿小哥哥、小姊姊的動作、轉圈圈與想拍球。雖然做的不是很穩、很準確，卻顯示出他們想要社會化的一步，家人必須正面的多鼓勵寶寶的嘗試，讓他們可以立即得到正面的回饋，也將更樂意嘗試新的挑戰。

在討論一歲到三歲寶寶的運動之前，有一個非常重要的注意事項，一般家長會覺得寶寶總算可以自行移動了，不用再隨時隨地尾隨著寶寶，牽著他們走來走去，會開始試著讓寶寶獨立活動，寶寶一般也樂於如此自由。但是，寶寶只是單純的喜歡活動，對於自我克制的能力與危險的認定能力，都還沒有成形。因此，爸爸媽媽在旁邊

大喊：「不行碰！」「停下來！」「不可以拿來吃！」等高度警告性的話語，對一歲的寶寶而言，他們還沒有辦法彙整語言的意思，轉而控制自己的行為。爸爸媽媽必須當場走到寶寶面前，以行動教導寶寶，讓寶寶有具體的影像概念，連同爸爸媽媽的語言輸出，漸漸的讓寶寶理解各種危險。例如：家庭意外中，有許多狀況就是寶寶誤碰熱水而燙傷，爸爸媽媽可以拿起寶寶的小手，讓他輕碰稍有溫度（比室溫略高）的茶壺，並告訴他：「燙燙、危險！」下次再比著茶壺問起寶寶的時候，寶寶也會回答媽媽：「燙燙、危險！」對於家中環境所有具有潛在危險的地方，都必須很正式而主動的訓練寶寶的危機意識，而不是讓寶寶能躲就躲。透過一再的影像概念與語言的雙重訓練，一旦走出家門，寶寶將更容易體會「危險」的定義，不過，這大約要到寶寶2～3歲間，才會感受到比較具體的成效了。

在爬行期間有盡量練習爬的寶寶，在開始直立行走後會非常吃香，因為下肢的訓練讓支撐度更成熟，四肢的協調反應也會讓寶寶在跌倒後，懂得很快的伸出雙手，支撐上半身和重要的頭部，避免頭部受到撞擊。寶寶這時候在他熟悉的地盤上，已經不喜歡被大人牽著走，甚至會利用蹲下、慢走、快走等不同姿勢中，隨意的互換，享受自主的樂趣。爸爸媽媽要幫寶寶挑一雙好鞋，讓寶寶的站姿更穩健，也比較不會產生運動傷害。一般復健科醫師認為，寶寶在滿十三到十四個月左右才會行走，反而是最好的時機，因為下肢的發育更成熟，寶寶的骨骼和肌肉，也有較完善的準備。

為了讓寶寶的觸覺感官、肌肉的控制力道都有更進一步的發展，常常帶著他們到空曠的地方跑跑跳跳是很有幫助的。有些斜坡可以訓練寶寶對不同地形的肢體協調度，吹些泡泡讓寶寶追著跑；有沙坑就讓他好好的玩到全身髒兮兮，他可以透過抓沙的過程，體會手掌肌肉的緊張與放鬆，和雙腿在沙地中的移動所需要的用力力道與平衡感的不同。連洗澡時間都可以利用不同大小的容器，讓他們玩裝水和倒水的遊戲，慢慢控制到滿水就要停的力道，有了這種訓練，對寶寶日後倒水壺飲用水的能力，就自然而然建立了。

許多家長會迷信昂貴的玩具就是好，其實，寶寶最喜歡的玩具是爸爸和媽媽，有了這兩個大玩偶，寶寶就可以玩得很高興了。爸爸媽媽可以透過簡單的角色扮演遊戲，教寶寶一些生活中的基本能力；例如扮家家酒時，買一些可以切開又黏合（因為有魔術粘）的水果、蔬菜或各種食物模型玩具，杯盤和刀叉則可以收集寶寶的奶粉罐的蓋子、各種洗乾淨的環保餐盤，和製模收邊比較平滑安全的免洗食具，搭配爸爸媽媽自己製作的大菜單，可以讓參與者輪流點餐和負責供餐。這類遊戲可以先由寶寶的認知能力開始訓練，讓他們藉由具體的模型和指令，找出正確的點餐組合，等熟悉後，可以加入數量的概念，和記憶力的訓練（因為要開始點套餐了）。到寶寶四到六歲後，還可以加入金錢的概念，用一些假錢來實地交易一下。寶寶將透過遊戲的學習過程，會慢慢建立邏輯、數字、數量等想法，在跑來跑去供餐、買單的過程中，也會訓練寶寶手眼的協調度，和雙手拿東西的平衡穩定度。

在陪伴寶寶遊戲和運動時，最傷腦筋的就是寶寶不知道該休息了，往往都要玩到沒半點力氣，才倒地就睡或是大發一頓脾氣。其實，在開始滿週歲初步的訓練時，可以以20～30分鐘為一個遊戲段落，因為剛接觸新遊戲時，寶寶會需要額外的專注力，其實是很容易就累了的，他們會以哭鬧、耍脾氣、揉眼睛等肢體動作表現出來。無論是室內或室外的活動，每個段落結束後，可以抱抱寶寶，讓他們喝些開水，因為腦部在用腦階段需要補充足夠的水分，而戶外的活動也容易在不知不覺中喪失水分，補充足夠的水分會讓寶寶更趨穩定。進行戶外活動後，最好可以洗個澡，一方面洗淨寶寶髒兮兮的小身體，感覺較舒服；一方面也可以藉溫度適中的熱水按摩寶寶的大腿和小腿肌肉，幫助放鬆一些。寶寶洗完澡，吃些東西或喝玩牛奶後，就可以安安穩穩的睡上一陣子了。每個預計段落結束後，就可以告訴寶寶：「要休息囉！」讓寶寶漸漸體會出時間段落的區隔，透過整理收拾物品的動作，幫寶寶轉換空間景象，放些音樂讓寶寶知道要休息了。有了背景音樂或故事CD的幫忙，寶寶會比較樂意配合休息段落的執行。

第四章 常出現的飲食問題

一到三歲的寶寶，可以開始訓練自行進食的能力。在剛開始時，絕對會把食物弄得桌上、椅子上、地面上到處都是，許多家長為了省下清潔的時間，還是會主動的幫忙餵食。在開始練習時，對於固體的食物，例如：土司麵包、小餐包、饅頭、切片水果、葡萄乾等，因為沒有湯湯水水，也不會弄得黏瘩瘩的食物，是非常好的啟蒙訓練食物，可以放在寶寶專屬可固定於桌面的小碗中，讓寶寶慢慢進食。一般會建議先將預計的份量放在另外的容器中，一次拿一些到寶寶的小碗裡，等寶寶吃完後再給一些，直到吃完所有的份量為止，要幫寶寶準備一杯溫開水（用學習杯盛裝），方便寶寶隨時飲用。

吃的份量不如預期

當寶寶整天的進食份量，並沒有如建議量的多，常常讓家長有同儕比較的壓力，擔心寶寶長得不夠高、不夠壯、不夠聰明。其實有的寶寶從出生時就吃的比同齡寶寶少，如果他的體位變化可以維持在一定的生長曲線上，免疫能力也都不錯，表示他的腸胃適應量就大約是如此，比較不必過度擔心。然而，如果體位發育出現遲緩、感冒的頻率過高，就得進一步透過專門的幼兒營養諮詢門診，探討寶寶是否有消化道或其他異常的現象。

透過適度的動態活動，可以讓寶寶稍微有餓的感覺，可以間接讓他們多吃一些。對於食量較小的寶寶，原本的四個餐次，可能可以拆成六個餐次，讓寶寶少量多餐，也可以盡量接近總建議用量。

吃吃就睡著了

寶寶玩太累了，往往媽媽餵到一半，寶寶的小腦袋已經左搖右晃，搞不清楚嘴巴裡還有沒有東西。如果寶寶真的已經睡著了，只要輕輕打開小嘴，確定嘴巴裡沒有食物殘留，不會導致噎著的意外，就把寶寶抱到小床上讓他安心的睡吧！因為睡覺也是寶寶重要的一項生活課題，可以平衡和緩解一下遊戲或運動的壓力，充足的睡眠也有助於寶寶的發育，一餐沒有吃完，並沒有什麼太大關係。但是如果寶寶嘴裡還有些東西，還是得想辦法輕輕叫醒他，請他咬完再吞下，並喝下一些溫水潤潤口，也確保口中食物可以被開水一起帶到食道吞下，以策安全。

如果寶寶玩起來就是拼命三郎型的，一定要玩到沒電才停，媽媽在進行遊戲的時間段落訓練時，勢必要更嚴格一些，否則長期下來，寶寶對食物的興趣會大減，也會因為習慣性的進食時間錯亂，寶寶的生理時鐘較難調整，就不免真的會造成總進食量的漸漸不足了。

邊吃邊玩

這個是在訓練進食時，絕對要避免發生的情形，否則，寶寶長大後的用餐時間，已經可以預見就是一場活生生的混戰。將寶寶的小桌面簡單化，只有寶寶的食具、食物和水，其他大小玩具、書籍，都不建議帶上桌，甚至有的寶寶會將多種食具拿來敲敲打打，自取其樂，也必須當場禁止。有時候，一歲的寶寶需要重複再重複的訓練，他才可以將語言的認知刻劃在腦海裡。可是，只要有一次爸爸媽媽沒有提醒，他可能會覺得這是可以做的事，又開始挑戰爸爸媽媽的標準與耐受程度。因此，只要寶寶一旦出現拿食具來耍寶，就必須馬上淨空耍寶的食具，並且正式的告訴他不可以玩食物和食具。

有時候寶寶的邊吃邊玩，是因為不喜歡眼前的食物，或是不夠餓。如果是前者，稍微注意一下寶寶對食物的喜惡狀況，可以在可容許的範圍內變換，盡量以寶寶較有興趣的食物供餐；如果是後者因素，既然不餓，也不一定要勉強他進食，可以先行撤走，幫他保存好，等他真的餓了再吃，就不會不小心養成對食物有敷衍應付的想法了。

第五章 和爸爸媽媽的親密對話

寶寶在一到三歲間，很容易讓爸爸媽媽的情緒起伏有如雲霄飛車。寶寶狀況穩定時，可以快樂的像個小天使，讓爸媽覺得很溫馨，但是拗起脾氣來，可能會讓爸爸媽媽好話說盡，卻仍然居於劣勢。二到三歲是建立寶寶自主能力與意願的黃金時期，寶寶如果可以開始願意學習自己收拾玩具、自己主動表達需求，在往後的日子裡，他對於自我控制的能力，會有一個較穩健的基礎。

該讓寶寶幾歲上幼稚園

寶寶漸漸長大了，有的家長會擔心寶寶在學習智慧的落後，總是想提早讓寶寶開始進入幼稚園。其實，只要有合適的人可以照顧寶寶，稍微延緩進入幼稚園的時間，是再好不過的了。因為寶寶在四歲之前，整體的免疫能力並沒有想像中的完備，太早進入幼稚園的寶寶，非常容易因為重複的遭受感染和生病，反而演變成慢性鼻炎、慢性支氣管炎，甚至是中耳炎。不可諱言的，有些疾病症狀和過敏體質關係密切，但是寶寶長期處於受感染的劣勢，很容易影響學習的狀況，原先想讓孩子贏在起跑點上的

用意，可能也會因而大打折扣。

重複感冒病症演變成慢性鼻炎的寶寶，會因為鼻竇附近的血管經常緊縮，影響腦部血液的順利流通。因此，孩子稍微用一下腦就容易疲累、頭痛，讓寶寶對於進行需要用腦筋想的活動，永遠只有三分鐘熱度，因此，注意力的養成相當困難。而慢性支氣管炎的寶寶，最需要注意的是食物的配合攝取，太寒涼的水果和冰品、太燥熱的油炸食物（例如炸雞和薯條），都應該列為「拒絕往來」的食物。可是這些食物往往因為廣告媒體的大力散佈，早就深植寶寶心中，成為寶寶的最愛，會對病症的控制更加困難和棘手，還需要爸爸媽媽與其他家人的配合，不要在家中或寶寶視線範圍內出現這類食物，一起陪著寶寶度過調養期。

有部分過敏體質的寶寶，只要一感冒就容易引發中耳炎，需要額外注意。因為中耳炎常常伴隨著內耳積水，會讓寶寶的語言學習受到影響，在開始教寶寶說話的時候，會發現寶寶總有一些音發的怪怪的，主要是因為內耳積水，影響耳膜接受音波的頻率，寶寶聽到的音，就已經是不正確的了，自然而然就模仿所聽到的音再發音出來，寶寶也根本察覺不到這種影響。所以如果寶寶很常生病（幾乎每月一次），每次都伴隨著中耳炎，媽媽務必帶著寶寶，找一位細心的小兒專科醫師，定期追蹤，以有效預防因為疾病的因素，而影響的寶寶的聽力和學習。

要討論讓寶寶幾歲進幼稚園，讓他們先在家中把飲食習慣建立好吧！只吃由各種生鮮蔬果、五穀雜糧和蛋、豆、肉、魚所製備的營養食物，會讓寶寶的健康底子更強一些。即便是小班或中班才上學，大約在前半年（第一個學期）間，寶寶還是很容易隨著班上同學感冒而一起流行一下，因為暴露在病毒或細菌的機會，總是高於家中，寶寶們會透過玩具、教具、故事書、各種共同的活動空間一併傳染。可是，感冒的症狀與延續的時間，絕對可以有效降低。如果發現寶寶總是不斷的出現上呼吸道的各種症狀，最好考慮找一名過敏免疫專科醫師，鑑定一下寶寶是單純的感冒生病，或是有過敏體質，並且長期追蹤與治療。千萬不要帶著寶寶吃遍各大小醫院的感冒藥，不僅對寶寶的症狀沒有幫助，還可能會因為多吃了許多抗生素，讓寶寶的肝臟和腎臟負擔太大，甚至還會影響了腸道中有益菌的繁殖，讓寶寶的腸道保護屏障，也連帶受傷。

孩子的拗脾氣

每個孩子都有脾氣，有些脾氣和怪習慣，也正活生生的反映了爸爸媽媽或其他家人的怪脾氣，所以說，可以在孩子身上看到爸爸媽媽的影子，是一點也不為過的。如果小小年紀就常常會出現拗脾氣，可就很讓家長非常難堪了。要是寶寶已經被定義成「磨娘精」，就食物和營養的觀點，更要好好的幫寶寶算計一下，看看寶寶是不是因為錯誤的飲食內容，才讓他「身不由己」的老是失控。

有的寶寶從小就習慣早餐只喝一些牛奶，配上家裡的現成餅乾，就隨便打發了。有的媽媽會幫忙準備些色彩鮮豔的穀麥片，但是沒有細心的比較含糖量，也沒有試吃看看甜不甜，就很放心的讓寶寶使用，因為廣告說這類的穀麥片有多種強化營養，可以提供寶寶的營養需求。但是，小調皮在約一兩小時後，就開始耍寶了，變得容易生氣、沒有耐性、衝來撞去，甚至完全不理會媽媽的警告。就營養生理學的角度來看，孩子其實是無辜的，因為他並不是真心想要耍寶，而是吃進去的食物讓它變成這般。

首先先看寶寶的血糖變化。寶寶在經過一夜沒有進食後，清晨時血液中的血糖值會稍微偏低，因此必須開始進食，幫助血糖值再提高一些，以提供腦部思考所需要的基本能量來源。可是，如果早餐中只提供了高量的單醣食物（例如餅乾、糖分偏高的穀麥片、蛋糕，甚至糖果），表面上會有效的提高血糖值，但是，當血糖值過高時，腦部反而會出現保護性機制，想辦法讓血糖值回復平穩，這時候胰臟會分泌胰島素讓血液中的葡萄糖轉化成肝臟的肝醣儲存。如果肝臟的肝醣儲存也飽和了，多餘的葡萄糖會轉變成體內的脂肪儲存備用。

這些連續步驟，本來是體內的保護機制，可以讓最基本的熱量單位「葡萄糖」，經由不同的儲存方式，備用在肝臟和脂肪組織，一旦緊急狀況需要葡萄糖，身體可以經由肝醣分解或糖質新生的動作，主動提供應急的葡萄糖。但是，對愛吃甜食的寶寶，可能反而造成直接的身體衝擊，讓血糖值高高低低，處在不穩定的狀態，飲食中因為沒有足夠的纖維質與蛋白質，提供穩定血糖的功能，寶寶的血糖又快速降低，接著寶寶就會露出疲態。

其實大人也會出現低血糖的情形，會覺得沒有辦法集中注意力，比較沒有辦法控制自己的情緒，甚至有的會有心跳變快，想要快點吃些東西的衝動。相類似的反應也會出現在寶寶身上，只是他們還沒有能力可以具體感覺和描述身體發生了什麼事，但表現出來的行為就是焦躁、易怒、不講理、老是唱反調等常見的反常行為。

因此，還是鼓勵寶寶的早餐吃均衡一些，可以選擇搭配些燕麥片、蛋、低鹽低脂的起司片、土司、饅頭、低糖豆漿、低糖米漿……等，對寶寶血糖值的維護，應該會產生明顯的穩定作用。

從吃相看寶寶的學習精神

小寶貝在白天的生活重心就是「吃」和「玩」，因為進食的速度較慢，餐次又較多，總覺得每個兩個小時又要吃一小頓了。所以，吃東西的時間，也要小心的經營，避免寶寶養成錯誤的習慣或觀念，影響了日後的學習精神和動機。

總是剩一口不想吃完

有的寶寶吃飯速度較慢，如果超過了飽食中樞的喚醒時間，約20分鐘後，寶寶因為已經沒有那麼餓了，會自然而然放慢進食的速度，開始越吃越慢。一般而言，媽媽為了要收拾碗盤，會稍微催促一下寶寶，或是心急的問他們想不想吃完，有的寶寶因為飽食中樞已經「覺得飽了」，就會留下一口不願再吃了。其實，家人可以約略估計寶寶的進食時間，如果寶寶的預計食用份量還剩下約1/4左右，媽媽可以鼓勵寶寶加油，讓寶寶看著時鐘的長針位置，盡量在預計的30分鐘內用完。除非寶寶真的已經飽了，可以透過摸摸他的小肚子的硬度來判斷，才讓他可以剩下一些。

養成老是剩一口飯的習慣，在兒童行為研究專家依照輔導的個案經驗，發現這類寶寶在上小學後，在讀書或寫作業時，前半段時間都可以很專心，但是越到後面就越來越不能集中注意力，後半段的字體好似寫草書一般，很難有固定品質順利完成所有的預定課業。專家建議，對這樣的寶寶要訓練他們的時間概念，在預計的時間內完成預定內容，將可以有效的完成課業，品質也較好喔。

狼吞虎嚥

有的寶寶為了省下吃飯的時間，以便趕快去玩，就囫圇吞棗般的大口大口吃進媽媽準備的食物，不但沒有咀嚼完全，嘴巴裡仍有東西時，就又馬上塞了一大口，只要把碗裡的食物「塞完」，就可以交差了事。這樣的寶寶很容易吃過量，因為大約只要5

分鐘，他可以吃完預計的份量，可是腦子裡還不覺得飽，所以又會再找些額外的東西吃。因為不習慣細細咀嚼，他對於閱讀的訓練較為吃力，因為他也喜歡快速的看過去，看完整本就覺得會了，可是對繪本中的小細節、圖畫中的隱藏伏筆，他並不習慣自己找答案，總要媽媽明顯的提醒。另外，他們在書寫作業時，比較容易被身邊的雜事干擾，常需要更久的時間「暖身」才可以安定下來，總是很熱心的幫一同做功課的兄弟姊妹出主意，但是就是沒有辦法馬上對自己的功課進入狀況。

所以，訓練進食時，還是必須選用適合寶寶一口大小的湯匙，並堅持要寶寶完全咀嚼細碎後，才可以吞食下去，如果寶寶嘴裡還有食物，請他放下食具，咬完後才可以吃下一口。如果和喜歡細嚼慢嚥的寶寶相比，會發現習慣細嚼慢嚥的寶寶，在閱讀時可以更沈穩，端坐較久的時間，並且喜歡重複的閱讀，找出不同的連結關係，並且很高興自己從重複閱讀中找到的新發現，很想快快的分享給身旁的家人喔。

只挑自己愛吃的菜色

有的寶寶愛吃魚，看到媽媽煮了心愛的菜色，總是會央求媽媽多給一些，但對於那些看來沒什麼興趣的菜色，則能躲就躲，一般媽媽也會覺得以總量來推估寶寶是不是吃得飽就可以了，種類的分配可以列在其次。其實，如果寶寶每次總是挑喜歡的菜色吃，長大後對不同的學科，他也會只挑喜歡的學科唸。媽媽最好幫寶寶需要的各個菜色的份量，都配給到寶寶的專屬餐盤中，建議寶寶一定要吃完，如果寶寶還想吃特別愛吃的

菜色，則必須等比例的也同時吃些其他的菜色，或者是務必先將盤中所有的預計份量都吃完，才可以再取用心愛的菜色。

這樣的堅持，可以兼顧了寶寶在各類食物的攝取均衡度，也可以讓寶寶養成全方位的攝取習慣，對寶寶日後的學習，他比較願意花些時間和精神在一些感覺較無趣的科目上，對各個科目的涉獵，也會比較平均。另外，他還是會特別花時間在他自己喜歡的科目上，就讓他自由主動的找尋資料和答案囉。

假裝忙著別的事，邊吃邊忙

有的寶寶就是不願意好好坐下來吃頓飯，讓媽媽餵一頓飯就好像打一場仗一般，從飯桌上追到客廳，展開全家追逐戰，寶寶也不以為意，因為玩比較重要。這類寶寶要注意他們能不能一次只做好一件事情，專注力的培養，其實非常重要，在某個時間段落，只做某件事情，寶寶的腦袋裡才不會天馬行空的想東想西。否則上了學後，明明正在寫數學作業，腦子裡卻想著國語作業有幾面幾行，要花多少時間才能完成，不但所完成的作業品質不佳，也讓做作業時間拖更長了，相對的，要專心就更難了。所以，媽媽還是得堅持寶寶只要用餐，就是在固定的位置，軟硬兼施一段時間，讓他養成這個習慣，日後，他對於各個功課，比較不會打馬虎眼，而且如果可以配合空間的區隔，讓他從小習慣在某些地方就是閱讀區，某些地方是遊戲區，他在閱讀區時，會自然而然願意靜下來，好好的翻翻書，也讓媽媽享受一下難得的安靜時光。

Part 3

想要展現自我的小王子和小公主

4~6歲的小兒童

當小寶貝四歲了，寶寶的脾氣大致上已經成形，生活作息和屬於寶寶自己的「風格」和習慣，爸爸媽媽也應該都摸清楚底細了，這個時候其實才會有一點點覺得，可以真的和寶寶試著進行有效的溝通。寶寶會偶爾自己看看書、玩玩具，自言自語的玩好一陣子，讓爸爸媽媽總算可以鬆一大口氣，享受短暫片刻的安靜時光。

可是這個時間仍會有機會讓許多爸爸媽媽又要擔心掉眼淚了，因為一手辛苦帶大的小寶貝要上學了。從挑選幼稚園開始，到擔心寶寶在幼稚園的適應不良、被傳染生病、不喜歡學校的食物、不喜歡同學、不喜歡上學……等，總是又有意想不到的零星事件，會在每日早晨上演。別擔心，先把寶寶的營養和健康照顧好，爸爸媽媽要相信，我們的健康小寶貝可以自己想辦法適應，反而是爸爸媽媽們還要花更久的時間讓自己適應呢。

第一章
生理的發展與變化

四到六歲的寶寶，因為肢體的運用度更加熟練，已經會主動嘗試各種活動。他們會喜歡跟著音樂扭來扭去，在地上翻來覆去，有時候會做出自創的特別動作，逗大人歡心。因為對肢體的掌控很有自信，家長要提醒他們對安全的認知，學習小心的自我保護。

他們的胃腸道已經可以接受一般的各種食物（除了寶寶的特殊過敏食物外），對排泄的控制力也已經成熟，可以自己到廁所解決，或是主動開口請求協助。語言的發展持續進步中，有時候會被他們的伶牙俐齒嚇了一跳，但是也常常用錯辭句，讓大人聽起來啼笑皆非。

這個階段的體位發育，會因為寶寶的進食內容，而開始出現明顯的差異。在幼稚園中，常常會出現體位兩極化發展的寶寶，有的快速長高長壯，有的經過了一個學期，卻發現根本沒有具體的長高，或只有0.5公分的進帳，容易讓爸爸媽媽很緊張，甚至買了各種兒童專用營養補充品讓寶寶吃。其實，寶寶的正常餐次中的品質與份量合宜度，恐怕才是最主要的影響因素。

第二章

小王子和小公主的特別菜單
——飲食進度與內容

四到六歲的寶寶，整體進食內容和三歲時大同小異，在各類食物的份量上會因為寶寶的活動力大增，而需要酌量增加。表3-1是衛生署於1997年公告的四到六歲寶寶一天內的飲食建議總量，可以幫寶寶平均分配到四到五個餐次中，讓寶寶享受多元化的營養來源。

表3-1 四到六歲兒童的飲食建議量

食物種類	建議份量
牛奶	2杯
蛋	1個
豆腐	1/2塊
魚	1/2兩
肉	1/2兩
五穀根莖類	1.5～2碗
油脂類	1.5湯匙
深綠色或身黃紅色蔬菜	1.5兩
其他顏色蔬菜	1.5兩
水果	1/2～1個

資料來源：行政院衛生署，幼兒期營養，1997年。

如果將所需要的飲食內容，分配到四個餐次中，媽媽可以隨機調整各大類的食物搭配，有時候寶寶會出現單次用餐時間的食慾不良，只要找出確實原因，並利用其他餐次補足，大致上不必擔心寶寶單次用餐的營養不足。各大類食物可替換的食物種類，可以參考書末的附錄一，讓媽媽可以隨時依照家中冰箱的菜色，搭配出適合寶寶的種類與份量。表3-2為一個四到六歲兒童的食譜建議，晚餐的部分，因為常常是全家人共同享有的菜色，因此，只要注意鹹度的控制，就可以直接從煮好的菜色中，分配寶寶需要的份量，大約是半碗白飯、半兩肉或魚（約媽媽一根中指手指頭大小）、三湯匙平匙的青菜。

一天的蛋白質類食物需要2.5～3兩之間，以媽媽的手來推估，大約是手（手指加手掌）的3/4左右，可是有的幼稚園中班或大班的小朋友，已經可以一口氣吃完兩

表3-2 四到六歲兒童的飲食建議量

	早餐	午餐	午點	晚餐
範例一	起司三明治 低糖豆漿	菜肉水餃 2片蘋果	葡萄乾雞蛋牛奶粥	什錦排骨麵 2片芭樂
範例二	饅頭夾蛋 低糖米漿	炒米粉 雞蛋布丁	紅豆芋圓 蓮霧一個	半碗白飯　肉丸子 小銀魚蛋　季節蔬菜
範例三	2個小餐包 低糖原味優酪乳	義大利通心粉 玉米濃湯	愛心煎餅 紅豆西米露	半碗白飯 紅燒牛肉　季節蔬菜 半碗西瓜

支大炸雞腿，其實就遠遠超過一天的建議用量了。有的長輩因為歷經過民生困苦的階段，覺得多吃肉比較營養，因此看到孫子把肉吃得「這麼好」，就非常欣慰。其實，寶寶的營養需求只要達到就可以了，長期過量的攝取，一方面容易造成脂肪的堆積，造成小朋友體重過重的問題；一方面，肉類的攝取過量經常也伴隨著動物性脂肪的攝取過量，對小朋友的心血管而言，可就不是一個利多的消息了。

蔬菜的需要量看似不多，但卻是很容易又被討價還價的減量空間，尤其在一到三歲間的蔬菜就吃的不夠的寶寶，這時候又要加量（從每天約四湯匙加量到每天需要六湯匙），就開始閃閃躲躲了。蔬菜提供了重要的保護性營養素，各種維生素與礦物質，小寶貝的身體需要量雖然不多，但卻一點也不宜殺價減量，因為這些重要的營養因素，正隨時隨地建構著寶寶的腦部細胞發育、神經系統發展、維護腸道的健康菌叢生態和提供免疫能力的完整性。所以對於這些小王子和小公主，最好的方法就是把蔬菜煮成湯麵、加到炒米粉或炒麵中，想辦法融入主食類或肉類的烹調裡。唯一要注意的是，烹調主食類的炒的過程中，不需要加太多烹調用油，可以以清水或高湯來避免麵或米粉彼此沾黏或黏鍋，烹調肉類加蔬菜的菜色時，要注意調味的下手輕重，避免煮出過鹹的食物，並不利於小朋友的攝取。

水果的份量大約是一個，例如一個奇異果、一個小柳丁、半碗西瓜、一個小蘋果……等份量，要寶寶在飯後還吃水果，有時會會因為寶寶的食量不大，而沒辦法如預期達成。可以將水果挪到上午或下午的點心時間，有時候寶寶剛好做完運動或口渴了，就可以吃些水果解解渴。可是，絕對不要覺得果汁也有同等效用，市售的果汁甜度都太高，對寶寶是弊多於利，單喝果汁會明顯影響血糖，而自製的果汁在製備過程中，則會浪費了許多因為對物理作用（攪碎）敏感的維生素B群和維生素C。如果選擇直接吃水果，因為有纖維素的幫忙，寶寶的消化系統也需要更久時間才可以分解水果中的醣類，因此對於血糖的穩定較有助益，而各種水果中的微量營養素，可以完完全全的進入寶寶的體內，發揮他們最大的功能。

寶寶已經吃過了許多食物，自然而然也對食物的喜好有一定程度的認知了，因此常常會主動關心自己要吃些什麼。媽媽可以利用閒暇的週末，帶著小朋友一起做點心，一方面會引起他對自己親手操作的食物的食用興趣，一方面可以消磨一些時間，因為孩子越大，主觀意識會越強，是要開始練習談判與溝通的時間了。

愛心親子食譜

愛心煎餅（約4～5人份）

材料：蛋1顆 麵粉300公克 奶粉1大匙 蜂蜜或糖1.5大匙 水350c.c. 油少許

做法：

1. 蛋打勻，把所有的材料一併加入，輕輕攪拌均勻至沒有任何麵粉顆粒存留，如果仍有顆粒，可以以湯匙將顆粒壓碎後再攪拌。
2. 平底鍋以小火熱鍋，加入適量的油。
3. 將麵糊輕輕倒入平底鍋中，讓麵糊可以均勻擴散到整個鍋面，蓋鍋並維持小火，烹煮到鍋蓋邊緣冒出水蒸氣時，再略等2～3分鐘，即可打開鍋蓋翻面。
4. 翻面後再蓋鍋，以小火繼續悶煎，不需再加油，待再冒出水蒸氣時，即可以起鍋供餐了。

這道「愛心煎餅」，是相當簡便的主食類餐點，可以請小朋友幫忙攪拌，只要選擇安全的容器（如不鏽鋼製的攪拌盆），讓小朋友拿著打蛋器，慢慢均勻的攪拌，可以訓練他對於手勁的力道控制。攪拌好的麵糊最好不要太乾和太濃，大概可以到「濃湯」的濃稠度。若以湯匙舀起，可以自然的流出滴下，這樣的濃稠度在倒入平底鍋時，可以均勻的展開，形成漂亮的均勻厚度，翻面後比較容易讓熟度均勻。如果麵糊

太黏稠了，反而會展延不開，週邊也會形成不規則狀，翻面後因為厚度不均，有的部分會呈現略略燒焦，有的部分還是白色，整體效果較不討喜。但是也不要過度稀釋了，否則煎餅的成品會太軟而不夠Q，一般而言，寶寶會比較喜歡稍有咬勁的煎餅。

如果成品要直接食用，大約1.5湯匙的糖或蜂蜜，就可以提供足夠的甜味。但是如果預計要搭配果醬，最好可以稍微降低麵糊中的糖含量，避免過甜而容易覺得膩，對寶寶的血糖控制也不見得好。也可以在麵糊中另外再加1～2湯匙的燕麥片，讓燕麥片提供很好的膳食纖維來源。

紅豆西米露

材料：西谷米20公克（約2平湯匙）　紅豆半斤 糖適量

做法：

1. 將水煮沸，放入西谷米繼續煮10分鐘後熄火，蓋鍋繼續以餘溫悶10分鐘，至西谷米成透明狀。可以將熟的西谷米，撈起放到冰開水中冰鎮備用，以增加Q度。
2. 紅豆洗淨後，以約1.5～2公升的水，利用快鍋烹煮，壓力增高後轉小火煮5分鐘，就可以熄火燜熟，自動洩壓（依不同廠牌，約需20～30分鐘）。
3. 洩壓後，依個人口味添加適量的糖，舀出寶寶需要的份量，待涼後再依寶寶需求，加入1～2湯匙西米露，即可供餐。

這個份量煮出的紅豆湯，約可以供應8～9碗紅豆湯，因此如果沒有辦法一次食用完畢，可以以乾淨保鮮容器，待涼後放入冷凍庫，下次食用前只要再以微波或蒸鍋解凍蒸熱即可立即供餐。自製的紅豆湯，一方面方便自行控制甜度，不僅可以用在西米露，也能加入自製的芋圓，既衛生，也可隨時運用。

芋圓

材料：地瓜或芋頭1斤 地瓜粉400公克

做法：

1. 地瓜或芋頭去皮後切丁，以電鍋或快鍋蒸熟至透。
2. 在仍有溫度下，快速將地瓜或芋頭壓成泥。
3. 開始加入地瓜粉，一邊加入一邊以叉子將地瓜粉攪入地瓜或芋泥中。
4. 地瓜或芋泥糰已呈現略乾，且溫度已經達手摸並不燙手的階段，快速將地瓜或芋泥糰像揉麵般地壓揉整形。過程中如果覺得仍然黏手，繼續再加些地瓜粉，重複至地瓜或芋泥糰已經成為不黏手的麵糰。
5. 整形，揉成長條狀，並切成適當大小即完成。
6. 另外以湯鍋煮水，水沸後加入地瓜圓或芋圓，再次水滾後轉小火，當所有的地瓜圓或芋圓都浮起後約1～2分鐘，即可撈起待涼食用，加入紅豆湯或綠豆湯皆可。

如果家裡的寶寶已經小班了，他們會非常喜歡搓黏土，這道芋圓就可以藉助他們的小手幫忙完成。製備的前半段，首要訣竅就是要「快」，務必在仍有溫度時，快速加入地瓜粉拌勻，如此成品才夠Q。在把地瓜或芋頭壓成泥狀時，可以保留一些小塊，如此的成品會出現地瓜或芋圓的纖維，口感相當獨特。寶寶可以洗好小手後，幫忙最後的整形並搓成長條，媽媽可以分出大小適合寶寶操作的麵糰，請他們幫忙，刀具可以利用在買蛋糕時常會附送的小型塑膠切刀，比較安全。所準備的所有成品，如果沒有辦法在一次使用完畢，可以均勻放在大平盤上（不要彼此重疊），放入冷凍庫結凍，約一小時結凍後，就可以分裝在乾淨的塑膠袋中，保存於冷凍庫中隨時備用，一個月內的品質都不會變化。經過冷凍的芋圓，在煮沸步驟時可以以小火煮沸久一些（2～3分鐘），就可以立即享用囉。

葡萄乾雞蛋牛奶粥

材料：白飯3湯匙 雞蛋1個 冰糖半湯匙 牛奶3湯匙 葡萄乾半湯匙

做法：

1. 白飯加入開水以小火熬成粥，雞蛋打勻成蛋液。
2. 已經成粥時，保持小火加入冰糖，輕攪至冰糖溶化，加入牛奶和蛋液後繼續輕攪，至粥再度煮滾，即可熄火。
3. 起鍋待涼，食用前加入葡萄乾。

這道甜粥品，前後約只需5分鐘的時間製備完畢，只要利用家中的前餐剩飯，就可以變化成午睡睡醒時的點心。煮出的份量約有2小碗，葡萄乾最好在食用前才加入，否則會吸水脹大，變成葡萄粒。寶寶如果喜歡加很多葡萄乾，因為葡萄乾會提供部分甜味，所以冰糖的份量可以略減，才不會導致成品過甜。如果家中喜歡吃糙米飯，也可以拿來運用，同時也幫寶寶補充了很棒的纖維素和維生素B群。

炒米粉（約5～6人份）

材料：胡蘿蔔半條 木耳1大片 高麗菜1小顆 豆芽菜4兩 韭菜7～8根 香菇5～6朵 蝦米2～3湯匙 米粉300公克（約市售1包）油2湯匙 蠔油3湯匙 黑胡椒粉少許

做法：

1. 胡蘿蔔、木耳、高麗菜洗淨後切絲；豆芽洗淨瀝乾；韭菜切成2公分左右長段。
2. 香菇泡軟後切絲；蝦米洗淨瀝乾。
3. 以湯鍋煮沸開水，將米粉放入川燙至軟後，撈起瀝去多餘水分備用。
4. 以中火熱鍋，加入油後，爆香蝦米和香菇，陸續將所有的蔬菜加入拌炒，加入蠔油和些許黑胡椒粉調味，加入水到略蓋住所有菜料的高度，蓋鍋燜熟所有的青菜（保持中小火）。
5. 等菜料中的湯水約剩下約菜料1/3高度時，將燙熟的米粉放入，轉小火，以長筷挑勻米粉和菜料，讓米粉均勻吸收菜料的湯汁，至米粉完全入色均勻，湯汁快收乾了，即可熄火起鍋。

許多家長都很煩惱小朋友對於蔬菜類食物，吃不到預計的種類和份量，這道炒米粉就可以大略解決這種困擾。市售的炒米粉非常油膩，因為要長時間販售，油膩的煮法可以提供較香的風味，與不用擔心會因長時間而造成彼此沾黏。可是自製的炒米粉，雖然只用一點油，也提供了同樣的效果。米粉經川燙瀝乾後，充分吸收了各種蔬菜的精華湯汁，會提供非常甘甜的風味和口感，所有的蔬菜因為切絲，經過燜煮變軟後，可以和米粉均勻分佈，讓寶寶同時吃到多種蔬菜。蔬菜的種類可以依據媽媽的冰箱中有什麼蔬菜，除了一些味道過於強烈的蔬菜外，都可變通加入，只要切成絲狀，就可以入菜。這道菜也可以利用細的義大利麵（Angel Hair）來操作，也是先將義大利麵燙至八分熟後，再去吸收菜料中的湯汁，口感效果也非常不錯。

什錦排骨麵（約5～6人份）

材料：豬龍骨半斤 番茄1個 白蘿蔔半條 紅蘿蔔半條 木耳1大片 小白菜半斤 麵條200公克 火鍋豬薄肉片半斤 黑胡椒少許 鹽少許

做法：

1. 豬龍骨川燙去血水後，放入快鍋中。
2. 番茄切塊；白蘿蔔去皮切塊；紅蘿蔔去皮切絲；木耳切絲；與豬龍骨於快鍋中加入適當水量，一併加熱，等壓力上升後轉小火，繼續煮5分鐘後熄火，自動減壓燜煮。
3. 小白菜洗淨切段。
4. 減壓後的快鍋，開蓋後再度開火，將麵條放入約2～3分鐘，放入火鍋薄肉片、小白菜，約2～3分鐘後，豬肉片與小白菜都熟後，以少許黑胡椒和鹽調味，即可起鍋。

所提供的油脂，完全不需要額外添加。蔬菜可以有多重的選擇，例如：大頭菜、黃豆芽、青江菜、金針菇、新鮮香菇、杏鮑菇、蔥段、竹筍、高麗菜、大白菜、茼蒿、空心菜、海帶……等，各種各色蔬菜，都可以交替互換。較難熟透的蔬菜，先行處理與排骨一同熬煮高湯（也可加入小魚乾），易熟的可以在後段時再快速加熱，以保持其口感。每次可以選用4～5種蔬菜來搭配，或也可加入豆腐，媽媽可以以一鍋解決一餐，也不必再擔心配菜的問題。偶爾也可以用雞肉塊（含骨頭）取代豬排骨，也可提供不同風味的湯頭喔。

整體而言，寶寶的食物攝取量，若以種類來區隔，五穀根莖類還是主要提供熱量的來源，比例會最多，每天約1.5～2碗；其次是蔬菜，提供了保護性的營養素，份量居第二，每天約六個平湯匙，顏色要多元攝取；第三才是蛋、豆、肉、魚類的高蛋白食物來源，每天約3兩，並且每天吃兩種水果，總份量約一小碗。如果可以每天都讓寶寶吃到這些食物種類和份量，這樣的飲食供應對這群小王子和小公主而言，是非常營養且均衡的了。

第三章

小王子和小公主的每日行程

——可以搭配的運動和遊戲

寶寶在三歲左右，雙腳的協調動作較成熟了，可以幫他準備一台三輪車。三輪車或之後的腳踏車，最好都可以讓寶寶親自試坐，看看手、身體和腳部在整個車身的相對位置上，是否可以協調，才不會讓寶寶因為不好使力，在練習三輪車的過程中，產生挫折感或容易受傷。也要注意車身的零件是否有鋒利的地方，可以避免寶寶上下車時的不慎劃傷。熟悉了三輪車的前進和後退的控制，剛開始換成有輔助輪的較踏車，寶寶會對車的齒輪非常好奇，也頻頻會問為什麼腳踏車不可以倒車，大約四歲左右的寶寶都可以熟練得騎好具有輔助輪的腳踏車。

至於要進展到不需輔助輪幫忙的階段，就得看看寶寶的自信與身體平衡感的統合是否已經準備就緒，一般大班生可以勝任這個嘗試。但是，一旦開始獨立騎雙輪腳踏車，往往會讓家長常常捏一把冷汗，因為他們正在向自己的極限挑戰，總是想把車子騎得飛快，讓風從髮梢飛嘯而去，也同時訓練了爸爸媽媽的心臟強度。這個階段還是得強調安全，因為寶寶雖然看起來很大了，但是對於危機的反應能力仍然不足，所以得重複提醒控制車子的速度，突發狀況的處理態度，與如果沒有依照事前的規定而應受的規範與處罰。

四歲開始，寶寶的運動狀況會發展成自我要求品質的提升，常常會聽到他們跑來問媽媽：「這樣做對不對？」「你看我會這樣，棒不棒？」也因為對數字與數量概念的建立，在遊戲或運動間，會開始加入時間的比賽規則，比誰快、誰標準、誰的次數多……等遊戲因子，讓遊戲的內容更加豐富，也更具競爭性。他們跑得更穩健，可以單腳跳、雙腳跳，也可以把球擲拋得更遠更準確，而這些遊戲與運動，都需要每天或常常的練習。外界看他們的活動好像很浪費時間，其實，這樣的反覆練習，都增強了寶寶自己協調和思考各個肌肉的運用方式，體會怎麼做可以更棒，也強化了寶寶的心肺功能，使新陳代謝加快，加速體內廢物的排除。每天只需要半個小時，讓寶寶專心的運動，就很足夠，也不方便一次運動過久，會容易造成寶寶過度疲累而容易運動傷害，累了就開始容易耍寶、耍脾氣了。所以，事前先溝通好預計的時間，陪著寶寶專心追、趕、跑、跳、碰吧！

許多幼稚園裡會外聘專門的幼兒體能律動老師，這些老師會針對不同年齡的寶寶，利用一些道具，設計出適合各年齡層的體能活動，也透過音樂的協助，設計律動操，增加寶寶運動的興趣。這些運動的設計，和實際操作的方法，對一般家庭而言，可能都沒有合宜的道具和適合的場地可以執行，所以，就放心讓專業的老師帶著他們玩運動。爸爸媽媽只要常利用休閒時間，帶著寶寶到戶外跑跑，仔細看看寶寶在運動時全身的整體協調度、會不會做某個姿勢時常受傷或跌倒、爬坡時可否上下肢互補幫忙……等。如果發現寶寶的表現經過提醒後，仍然習慣維持怪怪的動作，爸爸媽媽就得考慮是不是要透過合格的復健科醫師，幫忙診斷並提早調整和治療，才不至於錯失了治療的黃金時機。

第四章 常出現的飲食問題

開始展現自主力的四歲寶寶，對飲食的堅持度，有時候是超乎大人的想像的，他可以用耍賴、軟硬兼施的方法，迫使爸爸媽媽就範，也可以用條件交換的威脅，讓爸爸媽媽總是居於劣勢。從某些問題來看，如果之前更小年紀的訓練過程中，爸爸媽媽更懂得利用方法展現堅持，在四歲後的飲食問題反而比較輕微。如果爸爸媽媽很早就特別注意寶寶進食份量的調整並隨時掌控，對於寶寶的整體進食狀況將更有幫助，也可以真正掌握寶寶進食的主導權。

吃不停的孩子

會讓孩子出現吃不停的狀況，經常發生在爸爸媽媽或照顧者擔心孩子的營養不夠，在孩子還很小的時候，就主動的提供許多食物，讓孩子可以隨時且隨心所欲的填飽肚子，孩子的胃口日積月累的增加，也養成了想吃就隨時吃的習慣。

1. 照顧者對整體幼兒的營養需求量並不清楚：許多父母或照顧者會容易以大人的飲食量粗略估計孩子的食物需要量，但是這種估算常常會高估了孩子的實際需要量，讓孩子不知不覺中就吃了比正常量還多的食物。
2. 照顧者覺得養得胖胖的孩子比較可愛，也更有抵抗力：這類情況容易發生在長輩擔任照顧者的時候，會習慣性的把孩子養得白白胖胖，並且覺得很有成就感。但是如果白白胖胖的原因是來自於整天吃個不停，就得適時的調整正確的飲食比例與食物種類。
3. 照顧者覺得能吃就是福，會吃總比不吃好：這也是源自於比較不正確的心態，只要孩子可以依照生長曲線的發展，在身高、體重與頭圍上都正常發育，抵抗力也不錯，一天三餐加入二至三次優質點心，就營養供應上就非常充裕了。
4. 照顧者自己的飲食型態也不正確但不自知，反而影響了幼兒的食物認知：有的照顧者並不很清楚正常飲食中各類食物的正確比例，同時也很喜歡吃許多重口味的零食或甜點，幼兒在耳濡目染下，自然對這類口味偏重但營養密度偏低的食物，會習慣食用，且養成每天都要吃的習慣。
5. 照顧者在幼兒還很小時，只要幼兒哭鬧就以食物解決，讓幼兒習慣以食物平衡負面情緒：有的孩子因為較不容易產生安全感，容易以哭鬧表達心理的不安。照顧者如果沒有釐清出哭鬧的原因，總以為孩子肚子餓就直接供應食物，漸漸會讓孩子在很小的時候，就開始習慣以食物平衡心理的負面情緒，容易吃進許多不該吃的份量。

⑥ **容易讓孩子吃個不停的食物常常是各種零食點心，所供應的熱量將遠超過正餐可供應的熱量**：孩子對正餐的食物，除了速食等重口味的食材外，很少會吃到超量，會真正讓孩子吃個不停的，往往是各種零食與點心，這類食物吃個不停後，反而常常本末倒置，取代了正餐的建議攝取份量。

吃不停對身體健康與成長的影響

① **體重過重的危機**：如果孩子正餐也吃，零食吃更多，所攝取的營養素與熱量將遠超過該年齡的生理所需，一旦養成習慣，將直接造成肥胖的問題。

② **心理的平衡調適**：如果孩子真的已經習慣心情不好就吃，也是導致肥胖或體重過重兒童的主因之一，爸爸媽媽應該小心的探討幼兒的情緒變化，也避開養成幼兒的這類習慣。

③ **運動排斥**：不喜歡運動的孩子，會更喜歡坐著一直吃，適時的讓孩子活動筋骨，出出汗，喝些白開水，對孩子的新陳代謝也都有很好的幫助。

④ **朋友同儕的交際壓力**：一旦已經成為一跑就喘，而且喜歡吃的不停的孩子，在幼稚園裡也容易被同學貼標籤，這時需要家長與老師的同時關心，由食物選擇與同儕關係一併進行，讓孩子的生理與心理都獲得較健康的平衡。

爸爸媽媽可以做的處理方法

① 簡單直接的方法就是家裡和幼稚園都要避免使用高糖、高鹽、高油的各種零食，家中沒有存貨，爸爸媽媽或其他家人也不在小朋友面前食用。如果孩童

已經習慣找不到這些食物吃，對這類食物的依賴性將可以越來越低。

2. 爸爸媽媽明確知道寶寶一天的餐次內應該攝取的內容，如果過渡時間寶寶仍然肚子喊餓，可以提供水果為餐間點心。
3. 帶寶寶做適度的運動，轉移他對食物的注意力。
4. 寶寶心情不好時，陪他讀繪本，聽聽故事CD、塗鴉，做些手工美勞轉移情緒，不要為了簡單快速有效，就直接以糖果或餅乾利誘。

進食量不夠的孩子

追究寶寶的食慾不佳，可能源自於下列這些原因：

1. **一直都不好**：有的幼兒自出生就吃得比一般寶寶的食量少，對食物的興趣比玩具低。
2. **運動量不足**：做靜態活動比動態活動多的幼兒，比較不容易餓，對食物的主動需求量會愈來越低。
3. **常生病的孩子**：只要幼兒一生病，食慾往往就降低，如果幼兒一直在這種惡性循環中，飲食攝取量將越來越不足，抵抗力也會更低。
4. **對食物的選擇比較固執**：有的幼兒對食物選擇很挑剔，也許是口味，也許是形狀，也許是食材種類。如果食物製備者無法變出花樣，提供孩子的食物豐富性，往往直接影響孩子的食用意願。

5 **食物製備者無法準備出適合幼兒口味的食物**：如果食物製備者以大人的口味製備食物，有時太鹹、太辣、太酸等，都會影響孩子的食用意願，幼兒比較適合溫和的口味，對身體的保護，其實提供了最基本的保障。

長期進食量不足對身體健康與成長的影響

1 **長發育遲緩**：長期攝取不足，直接影響的就是幼兒的生長發育。幼兒每日的營養攝取，都直接提供了各種器官與組織的發育與修補，一旦不如預期，對最明顯的體位發展：身高與體重，將會有直接的負面影響。

2 **抵抗力較弱**：吃得不好的幼兒，也常常是各種傳染病的高危險族群。充足的營養可以提供了免疫系統需要的基本營養素，讓幼兒的免疫系統可以發揮正常功能，抵抗細菌與病毒的入侵，即使感染，也可以降低身體的不適症狀，縮短恢復期的時間。

3 **注意力不集中**：如果幼兒對鐵質、蛋白質等營養素攝取不足，將影響幼兒學習過程的注意力。這類的寶寶無法專心手邊的工作，不容易沈靜，對於老師的指令與說明，往往不容易理解，研究也發現，只要把該有的營養素補齊，在短短的一到二個月，將明顯改善幼兒的學習能力。

4 **情緒不穩定**：如果幼兒缺乏鈣質，影響的不是只有身高和牙齒，還有孩子的情緒穩定性，因為鈣質是神經傳導中的重要因數，幼兒攝取充足的鈣，可以讓睡眠品質更好，情緒更平穩，對整體學習力的穩定度，也有一定的影響力。

爸爸媽媽可以做的處理方法

1. **將所需要的食物依孩子的食量，分配到5～6餐**：每個孩子的每一餐食量都會不同，依照孩子的生活作息，把一天內需要的食物，大約分到六個餐次，不需要過度勉強，才不會增加孩子對健康食物的抗拒力，也可以適度添加寶寶喜歡又有營養的食物，例如：雞蛋布丁。
2. **適度增加幼兒的運動**：讓孩子每天可以跑跑跳跳、騎騎三輪車、隨著音樂做律動、做伸展操……等，使孩子微微出汗，對食慾不佳的孩子，可以藉由運動讓肚子容易餓一些。幼兒的活潑和好動和運動有一些不同，整天動個不停，並不表示真的有運動，必須以出汗和心跳略略加速為指標。
3. **避免將幼兒暴露在高傳染環境**：許多家長會帶著幼兒逛大賣場、百貨公司，進入人群密集的地方，幼兒不免會碰觸許多高污染機會的把手、電梯扶手或遊樂設施等。如果幼兒抵抗力不佳，只是增加感染的機會，最好讓孩子找機會多曬太陽，讓孩子多呼吸新鮮空氣，也不會因為重複感冒而影響食慾。

盡量選擇營養密度高的各種新鮮食材：為幼兒製配食物時，種類的選項是很重要的。餐點點心最好可以選用五穀根莖類的製品搭配優良蛋白質的食物，例如紅豆湯、綠豆麥片粥、蘿蔔糕、小餐包、各類饅頭……等，低脂的起司、豆漿、肉丸子、豆花……等都是簡便與營養的蛋白質食物。另外，水果也是可以好好利用的食材，因為以幼兒的食量來看，很少在飯後還吃得下水果，可以將水果切片在午後供應。如果孩子喜歡優格類製品，也可以加些優格、葡萄乾、適量核桃、一點點蜂蜜，讓孩子可以兼顧口味和營養的豐富。

點心和零食的區隔

點心指的是為了補足正餐的不足而供應的餐點，它的食物分類應可以納入一天的食物選項中，主要的食材選擇來自於各類新鮮以及未過度加工的食材。製備時的口味考量應該盡量清淡，不要太油、太甜與太鹹，讓孩子不知不覺吃進許多隱藏性的油脂，或是習慣重口味的食物。

零食一般指的是賣場可直接購得的包裝產品，最明顯的差異性是過度加工，為了吸引消費者採購，大多都是口味較突出的，例如各式糖果、糕餅、洋芋片、甜甜圈，還有孩子們無法抗拒的各種含糖飲料。這一類食物的營養組成上，熱量、糖分或油脂都偏高，許多維生素等微量營養素都可能因為加工過程而流失，因此，就這些食物的營養密度而言，可供應幼兒發育的各種重要營養素可能都不足。而胃容量不大的幼兒，如果胃裡已經被這類食物佔滿，對正常食物的接受度將大打折扣。另一個考量因素是口味的調適，一旦幼兒們喜歡重口味的食物，當他們接觸正常鹹度與甜度的食物時，意願會明顯降低，這樣的口味轉變，對於幼兒們心血管的保養與胰島素的調控，無疑是提供了一個很大的營養危機。

如何選擇和製備好點心

食材的選擇

1. 五穀根莖類：小芋圓、紅豆湯、綠豆湯、穀麥片、全麥麵包、土司、小餐包、各種口味饅頭、豬血糕、各種麵條、米粉……等。
2. 蛋、豆、魚、肉類：點心中的蛋白質供應，可以透過湯麵中的肉絲或蛋花、西米露中的牛奶、豆花與豆漿等，交替供應。幼兒整體的蛋白質類食物供應量，包括蛋的份量，一整天只需要2～3兩，大約只有成人的手掌部位大小，可以粗略分到4次供應，就不必擔心份量不夠。
3. 蔬菜類：湯麵、炒麵、炒米粉或米粉湯都是可以加入適量蔬菜的料理，一些鹹粥也可以加入切碎的蔬菜，也可以考慮用一些芽菜類和海苔，做出簡單的壽司，都可以提供幼兒蔬菜的供應來源。
4. 水果類：水果非常適合用來做為餐間點心，但因為成本較高，製備與採購都要考量新鮮度，因此一般幼稚園較少採用。家長可以利用晚餐前約一小時給孩子吃些水果，就不必擔心孩子在晚餐後，小小的胃已經裝不下每天要吃的份量了。

烹調的技巧

1. 少油：雖然炒或燴的主食類可以提供豐富的食材來源，但為了口感，有些製備者會用較多的油脂烹調。其實可以考慮以去油高湯添加風味，如此一來，飯與麵等都不易粘黏，也可以略略增加一些鈣質的攝取機會。
2. 少鹽：幼兒的口味是漸進式調整的，當習慣吃鹹，就會越吃越鹹，因此製備者的把關就非常重要，不必要的調味盡量避免，多利用蔬菜的甜味與去油高湯的風味，就可以製備出適合幼兒口味的餐點。
3. 少糖：綠豆湯、紅豆湯、豆花和豆漿等甜品，不需要太甜，這些甜味都由單糖提供，對於蛀牙的誘發與血糖的升高，都有直接的影響。
4. 溫度要適中：無論是鹹的或甜的餐點，幼兒們都很怕燙，因此必須考量合適的溫度供應，有些甜品雖然適合提供冰品，但在考量照顧幼兒的上呼吸道保健，盡量以接近室溫的微涼溫度供應，將是比較正確的選擇。

偏食和挑食

會出現偏食或挑食的問題，絕對不是寶寶在短短幾天內的決定，常常是寶寶在第一次對某種食物提出懷疑和拒食時，爸爸媽媽沒有很好的處理，覺得「偶爾一次沒關係」，這樣的心態也會讓寶保養成習慣，也漸漸讓「偶爾一次」的出現頻率越來越高。

利用繪本解決孩子挑食的問題，是一個不錯的方法。坊間有些繪本就是以偏食為主題，描述偏食的後果，或是小朋友自創的方法可以把爸爸媽媽規定的食物，全部吃完，例如：信誼基金會出版的《愛吃青菜的鱷魚》、《愛吃水果的牛》、東西圖書出版的《Picky Nicky》，都是有趣且可以慢慢影響孩子的好書。

另外，讓孩子開始學習認識食物與食物中所含有的寶貝營養素，坊間有一些識圖閃示卡，包括蔬菜、水果和各類食物，可以利用這些閃示卡玩食物紅綠燈遊戲，請寶寶挑出一餐內想吃的餐點：各大類新鮮食物都有選到，表示綠燈過關；如果都只選了炸雞、薯條和可樂，表示紅燈；讓幼兒開始理解如何選擇好食物，好食物裡可以提供什麼好的營養精靈。

第五章
和爸爸媽媽的親密對話

四到六歲的寶寶，如果自理能力已經大致熟悉，也可以清楚表達心中的想法，爸爸媽媽應該考慮幫他找個合適他的個性的幼稚園了。詢問各家幼稚園前，爸爸媽媽要清楚自己的首要標準是什麼，坊間絕對沒有百分之百可以因應自己的狀況和需求的完美幼稚園，可是也絕對找得到硬體和軟體都已經接近自己心目中的理想狀況的幼稚園。幼稚園的選擇對寶寶社會化的學習是重要的第一步，好的老師或幼保師可以提供寶寶身教、認知的刺激、同儕間行為規範的建立。因此，務必小心謹慎的比較，甚至詢問畢業校友的家長意見，聽聽看不同家長的心得和意見。

參觀幼稚園時，除了教室環境、教具和教材、活動空間、師資、師生比例、廁所、安全逃生措施、飲用水品質、課程安排、外包課程師資（例如陶繪美勞、保育體能、舞蹈律動……等其他才藝課）、學校風氣等資訊，可以向校方接待老師請教，也可以請求參觀製作餐點的廚房。爸爸媽媽可以由廚房的空間、烹調食具的整潔、廚房阿姨的衣著與個人衛生、儲存

和製備食物的動線……等因素，來評估是不是一個可以提供寶寶健康餐點的衛生環境。許多爸爸媽媽會擔心「看不懂」，別擔心，等尋訪了數家之後，就可以漸漸發展出功力並且比較出心得了。

參觀時，有的接待老師會主動提供幼兒的菜單，爸爸媽媽可要好好看一看，因為，可以從菜單中知道校方提供的餐點狀況，這可會大大影響寶寶未來三年的發育。有的幼稚園會爾偶出現炸雞塊配薯條的點心餐，較少提供水果、蔬菜的比例較低（因為怕小朋友沒有吃而浪費），直接利用餅乾為午後點心，常常給肉鬆、魚鬆、熱狗或香腸等加工品等情形，如果這家幼稚園已經是爸爸媽媽精挑細選後，最接近理想的學校，等寶寶入學後，可以試著以家長的力量「督促」園方調整，並且必須在寶寶放學後，適時適量的把欠缺的蔬菜和水果都補齊，對寶寶的健康發展才較有保障。

在幼稚園裡吃什麼

一般而言，幼稚園提供了三個餐次：早點（約上午8:30～9:30之間）、午餐（約中午11:30～12:30之間）、和午點（約下午3:00～3:30之間）。早點依照各個學校的不同習慣，大致會供應包子、饅頭、麵包、稀飯配肉鬆、牛奶、豆漿……等種類，一般以簡單為主，以節省老師的分配準備時間。學校菜單中如果都只出現同一類的食物（例如：不同種類的麵包），很容易讓寶寶覺得吃膩了，而造成拒食的因素。因此，循環菜單中最好有不同類型的食物變化，讓寶寶保有新鮮感，更可以開心的面對每天的第一餐。

午餐的菜色會比較豐富了，一般約為三菜一湯。因為寶寶的進食量如同前面所提，每餐約只要半碗飯、一湯匙肉類（約2根大人的手指）和二湯匙各種蔬菜就可以了，所以幫寶寶準備一個可以隔熱並且保溫的碗，讓小手方便拿取。一般而言，總量大約會是寶寶碗容量的八分滿，就是寶寶的午餐內容。幼稚園裡會出現各種形形色色對不同食物的挑食問題，還需要聰明的老師一一克服和解決，但是家長也絕對不可以有「把問題都丟給老師處理」的不正確心態，因為寶寶是自己一手帶大的，他會有什麼想法和狀況，爸爸媽媽自己是最清楚了。為了寶寶好，最好是巨細靡遺的對老師開誠佈公，可以節省老師揣測寶寶心理想法的時間，讓老師可以依照經驗或尋求其他老師的協助，一同幫助自己的寶寶。

午睡醒來的午點，多半會依照季節的變換，搭配不同的時節點心。夏天時可能就有機會多一些清涼的綠豆湯、紅豆湯、仙草蜜、米苔目湯、八寶甜湯等；冬季菜單中大多會提供各種溫熱的麵、粥、麵線、熱甜湯等。當然也有許多幼稚園，會直接提供餅乾、甜甜圈和蛋糕等非常受小朋友歡迎的食物，如果又搭配了乳酸飲料，大多數的小朋友可都不用老師一直催促，就可以在規定時間內乖乖吃完呢！但是這些含糖和含油量稍微高的食物，其實比較不合適做為點心，寶寶一旦喜歡且習慣認定這些好吃的食物才是點心，對其他口味較清淡的食物，興趣也會降低。乳酸飲料雖然標榜著含有各種腸道有益菌，但是，真的含有乳酸菌有效量的飲料，可能會太酸，並不合適一般消費者。所以，這些市面上的乳酸飲料，多半都已經經過稀釋了，並且額外添加了糖以滿足消費者的口感需求，加上飲料的酸甜效果，也剛好營造了一個適合蛀牙的環境，需要師長和爸爸媽媽注意提供的時機與頻率。

有時候，會有因應寶寶體質而不方便吃的食物，例如寶寶是過敏體質或正在感冒咳嗽的時候，媽媽務必提醒老師，在過度調養期間，一些較寒涼的水果或食物，先讓寶寶不要食用，例如：綠豆湯、西瓜、奇異果……等，詳細食物食性分類可以參考書末附錄，讓寶寶的恢復期間可以縮短。

在接送寶寶時與老師的互動討論中，了解寶寶在校的用餐情況後，回家後就必須將當天沒有吃得很好的食物種類補齊。大多數會以蔬菜類和水果類為主，尤其是水果類，因為製備成本較高，許多幼稚園都只在一周內提供一次水果，媽媽可以利用晚餐前先給寶寶吃些水果，已確定寶寶每天都可以吃到約一小碗水果的份量。

寶寶上了幼稚園，生病的機會會遠比只待在家裡高出很多。建議媽媽可以幫寶寶購買兒童專用的綜合營養補充錠，一旦發現寶寶有初期的感冒症狀，就先依包裝上的建議用量，每天給寶寶一些額外的營養補充，讓身體的免疫系統有較足夠的微量元素可以因應細菌與病毒的入侵。有時候寶寶還真的有辦法在不用用藥的情況下，就自然的痊癒了。如果病菌真的太強了，讓寶寶還是產生上呼吸道或發燒等症狀，水分與充足的營養將更重要。

當寶寶的食慾不受影響，仍然可以吃得很好，額外的補充品可以稍微減量或停用。假如寶寶都不想吃（因為吞嚥時會不舒服），淡粥、湯麵等比較潤滑的食物，會比較容易下嚥，額外的營養補充品仍然繼續供應到寶寶痊癒或食慾恢復。當食慾恢復與病情都完全康復後，營養補充品就必須功成身退，補充品畢竟只是輔助的角色，如果長期過度依賴，將使身體的營養需求閾值養成一個較高的標準。一旦只吃營養充足的正常飲食，還是會讓身體出現假性的營養不良現象，需要爸爸媽媽額外注意。

另外，下課後的充足睡眠對寶寶就更重要了。還未上學前，寶寶的生活作息較隨性，可以隨機調整，但是融入團體生活後，就必須依循團體的生活作息，所以不免會出現寶寶永遠睡不飽的情形。有的寶寶就是想陪家人看電視、做美勞、聊天、玩耍到好晚才肯入睡，睡眠不夠的孩子不容易有充分的沉睡時間長高長大，讓身體肌肉休息，也會對免疫機能有負面效應。所以，在晚間九點前就讓寶寶入浴，開始靜態的活動，陪他看看書，躺在床上聊聊天，講睡前故事，讓他可以至少睡滿8～9小時，寶寶才可以獲得足夠的休息。

寶寶到了幼稚園階段，爸爸媽媽會發現，他們已經跳脫了「黏皮糖」階段，不太需要媽媽隨時守候在旁。他們可以開始有些有趣的對談內容，雖然語意的表現仍不成熟，但是會發表出自己的想法，也能蹦出出現許多可愛的創意，而這些豐富的智能展現，都必須有完整的營養來源做為基礎。有的爸爸媽媽很擔心寶寶會輸在競爭的起跑點上，從幼稚園開始，就上了許多才藝班：繪畫、珠算、心算、圍棋、音樂、語文……等，寶寶在不同的才藝教室流轉，感染了來自四面八方的細菌，又為了趕課，沒有選擇好的食物並且好好的進食，讓寶寶的體能和健康底子，都一再的惡性循環。才藝課本身是為了豐富寶寶的生活，或者發掘出寶寶的潛能，如果讓寶寶為了上各種課而重複生病，爸爸媽媽還是得慎重考慮清楚，孰輕孰重，從注意飲食和睡眠著手，讓寶寶擁有最重要的健康童年，他們才會展現出自信而快樂的笑容。

Prat 4

幼兒營養故事集

許多爸爸媽媽會對寶寶說：「蔬菜很棒喔！要多吃一些才有營養。」可是，寶寶會接著問：「媽媽，什麼是營養？」

的確，要清楚向這麼小的小寶貝講清楚「營養」對身體的好處，真的是很難的，因為，太專業的東西，爸爸媽媽也怕講多了，反而被小寶貝問倒了，可是如果都不講，小寶貝也不願意乖乖的吃。因此，在這本書的最後，放了三個有關營養的小故事。「和你一起長大——不愛吃東西的威利」適合講給2～3歲，開始出現玩性而不喜歡吃東西的小調皮聽，讓他慢慢理解，如果有人和他一樣，會發生什麼事，他們也比較不會因為爸爸媽媽的直接責備，而備感壓力。「水果立大功——維生素C的故事」適合說給不吃水果的寶寶，也讓他們可以想像古時候的人們，是怎麼歷經身體上的問題，而慢慢找出這麼棒的營養素。「紅蘿蔔村和白蘿蔔村——維生素A的故事」適合說給對青菜特別挑剔的寶寶，讓他們知道各種綠色的青菜都是對身體最棒的禮物，一點都不能挑出來喔。

希望這三個小故事可以讓這些小寶貝們，開始認識自己吃的食物，也可以稍稍提供爸爸媽媽一點工具，讓孩子們更喜歡自己要吃的食物。

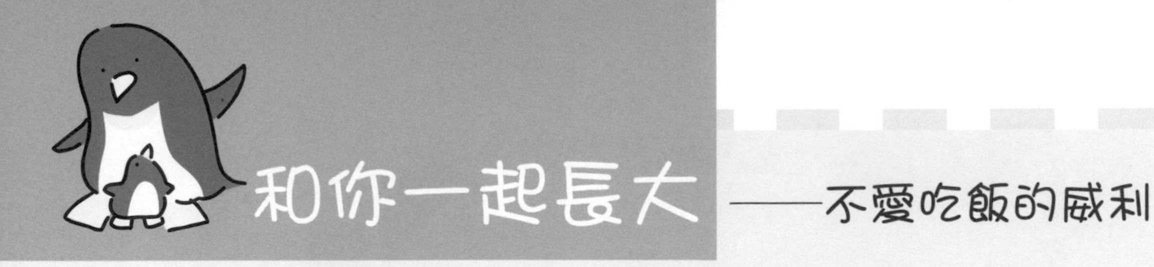

和你一起長大——不愛吃飯的威利

小威利每天早上一起床，一定先檢查心愛的玩具是不是都在身旁的櫃子上，喜愛的寶貝車車是不是還安穩的停在小床邊，等著小主人「發動」。如果檢查後一切OK，小威利會笑著臉，向爸爸媽媽大聲說：「早安！」如果發現東西被媽媽「好心」的收走了，小威利會急得像熱鍋上的螞蟻，在家裡翻箱倒櫃，只為了想把昨天晚上在睡覺前玩的寶貝玩具們，一一恢復原狀。

媽媽說：「威利呀，檢查好玩具就要吃早餐囉！」小威利回答：「我不想吃，我不餓。」媽媽每天都覺得好奇怪，小威利睡了一個晚上，肚子應該餓得咕嚕咕嚕叫了，為什麼不想吃？

媽媽又說：「威利，你沒有吃早餐，等一下

就沒有力氣開車車囉！」小威利想了想，慢吞吞的看了一眼媽媽準備的早餐，今天是三明治配牛奶。小威利說：「我不要裡面的蛋。」媽媽只好打開土司麵包，將荷包蛋拿出來，小威利咬了一口吐司和土司間的起司片，喝了一口用杯子裝的牛奶，就說：「我吃飽了，我要去玩囉！」

媽媽很無奈的搖搖頭，小威利個頭瘦瘦小小的，從小baby的時候，所喝的牛奶量就比別的baby少，一直到現在，已經3歲了，食量仍然小小的。吃飯的時間，常常這也不吃，那也不要，總是想辦法吃少一些，但是可以玩個不停，從小汽車到木頭積木、拼圖到扮家家，每天都有不同的玩

法。

其實，小威利因為正餐吃得少，常常玩到一半，就向媽媽說：「媽媽，我要喝ㄋㄟㄋㄟ！」小威利不喜歡用杯子喝牛奶，可是如果用奶瓶，他只要5分鐘就可以喝完一罐250c.c.的牛奶，一點都不拖泥帶水，動作迅速。因為喝完了又有力氣可以繼續玩，而且喝牛奶很快，不必像吃其他的食物必須一直咬，還得慢慢吞。

媽媽雖然心理知道，威利已經夠大了，必須要改用杯子喝牛奶，可是小威利不喜歡用杯子，只要是杯子裝的牛

奶，威利可以用好久好久的時間，坐在杯子前，對著杯子的牛奶發呆，一直到媽媽受不了了，因為媽媽怕牛奶放在室溫下太久會壞

掉，害小威利拉肚子，只好將牛奶倒掉。媽媽曾經讓小威利用吸管試試看，結果威利不但沒有乖乖喝，竟然還用吸管向牛奶裡吹泡泡，讓牛奶噴得整個桌子和地面上都是，威利很得意自己發明的新玩法，讓媽媽很生氣也很傷腦筋。

這天下午，爺爺奶奶來家裡玩。小威利最喜歡爺爺奶奶來家裡了，因為只要他們一來，就會帶來好多好多的餅乾和糖果，讓小威利高興得不得了。小威利喜歡甜甜的夾心餅乾、巧克力口味的脆餅和各種顏色和形狀的糖果，當然，軟軟QQ的蒟蒻果凍也很棒，小威利會要求奶奶馬上幫他打開餅乾的包裝，開始吃了起來，只有餅乾和糖果，可以將小威利的注意力從玩具上轉

移出來。

媽媽覺得有些為難，因為小威利的正餐吃得不多，如果這時候又吃了這麼多餅乾，等一下吃晚餐的時候，小威利一定又不餓了。可是又不好意思拒絕奶奶的好意，只好眼睜睜的看著威利一片又一片的吞下餅乾。吃完了餅乾，威利覺得口渴了，奶奶又幫威利泡了一罐牛奶，小威利只花了5分鐘就喝光了。

爸爸下班了，看到威利衝來撞去，好有精神，以為威利已經先吃了晚餐了，問：「威利，你吃飽了呀，看起來很有力氣喔。」威利興沖沖的跑去拿餅乾的包裝袋，對爸爸說：「你看，奶奶買給我的，很好吃呢。」爸爸這才知道，威利並不是吃了媽媽

煮的晚餐，而是吃了一堆餅乾零食呢。

吃晚餐的時候，威利果真吃不下了，只吞了一口飯，一小口肉，和幾根蔬菜，就說吃飽了，可能是下午吃了太多餅乾，還一直向媽媽要水喝。

奶奶說：「威利怎麼吃那麼少呀？難怪長好慢喔！等我吃飽我來餵他。」爸爸說：「媽，不用了，威利本來吃的就不多，又被你塞了那些餅乾，根本就吃不下飯了。」奶奶說：「小孩子本來就喜歡吃餅乾，愛吃就讓他吃一些，有什麼不好，而且那些只是點心，不會太飽的。」

爸爸和媽媽對看了一眼，有一點尷尬。奶奶和爺爺吃完晚餐後，就回家休息了，威利還不忘對奶奶說：「謝謝光

臨，下次還要帶餅乾和糖果來喔！」媽媽忙著洗碗，爸爸趁威利不注意的時候，將爺爺奶奶帶來的餅乾和糖果全部都收到「零食箱」中，高高的放在廚房的櫃子上。媽媽說：「可不可以想個辦法讓奶奶不再帶這麼多零食來呢？」爸爸說：「這得要好好的想一想，免得傷了老人家的心，讓他們誤以為我們不喜歡他們來找威利玩。」

爸爸一邊說，一邊望了望坐在小桌子旁的威利，現在正在翻他的小故事書，爸爸突然靈機一動，對媽媽說：「有了，可以請爺爺奶奶幫小威利買故事書當禮物，就不必再買一堆糖果了。」媽媽想了想，說：「可是要請他們還特地跑到書店挑書，可能不太方便耶！」爸爸心裡已經有了答案，接著說：「我們

可以先把書買好後，一本一本包裝好，等奶奶出現的時候，再透過奶奶的手交給小威利，這樣他就會覺得是奶奶送的禮物了。」媽媽知道爸爸心裡打的主意，說：「這是個好辦法，可是威利還是吃飯吃得不夠多呀！」

第二天，媽媽正在陽台整理花草，檢查花的肥料和用小鏟子鬆鬆土，小威利開著小車子，停在落地窗旁，問：「媽咪，你在做什麼？」「我在幫花加一些肥料呀。」媽媽一邊回答，一邊讓威利看看手中一顆顆灰灰的花肥。威利問：「花為什麼要加肥料？」媽媽說：「肥料裡有花需要的養分，花才會開得更漂亮喔！」威利又問：「什麼是養分？」媽

story

媽說：「養分就是一些很小很小的東西，可以讓花的根吸收，變成小花和小草自己的東西，接著小花和小草就可以長高和開出漂亮的花了，就像我們人會吃飯和菜，小朋友就會長高一樣。」媽媽一邊把從花盆裡拔出來的雜草，讓小威利看看植物的根，一邊問：「你要不要幫忙？」小威利一聽，連忙說：「我要，我要，我去拿鞋鞋。」小威利很興奮的換好鞋子，媽媽說：「手手伸出來。」小威利從媽媽手上接下了幾顆小花肥，還聞了一下，媽媽笑著警告說：「花肥不能吃喔，這不是糖果。」。「媽媽，我要種花。」威利說。

媽媽清空了一個新的花盆，給了小威利一些土，小威利拿著小鏟子，把媽媽給他的一株小「白紋草」，七手八腳的

種在土裡，在泥土上放了6顆小花肥。媽媽說：「要澆一些水。」小威利說：「我會，我會。」小威利拿著沙灘玩具的小澆水壺，幫新植物澆一些水。媽媽說：「威利長大了，會自己種花了，以後你要每天記得澆花喔。」威利喜歡玩水，馬上說：「我會，我會。」

威利忙了好久，早就全身都是泥土了，媽媽收拾好陽台，幫威利洗了個澡。威利說：「媽咪，我要喝ㄋㄟㄋㄟ。」媽媽說：「威利，你要不要用杯子喝ㄋㄟㄋㄟ？媽媽再幫你烤個小鬆餅，很好吃喔。」威利沒有回答。媽媽接著說：「我們家的威利已經會幫忙照顧植物了，自己要吃飽飽，明天才可以幫忙澆

花。」威利想了想，說：「好。」媽媽把準備好的點心和牛奶，放到威利面前，說：「媽媽準備養分給威利，威利準備養分給小草。」威利一邊吃一邊問：「我的花什麼時候會開花？」媽媽回答說：「你剛剛種的叫做『白紋草』，它不會開花，可是只要威利有乖乖吃飯，就可以幫忙澆水，小白紋草才會陪著威利一起長大，變成更大的白紋草。那時候，我們可以準備一個更大的盆子，幫你的白紋草搬家囉。」

媽媽一邊說，小威利可能真的餓了，也吃完了媽媽準備的鬆餅和牛奶，又不放心的問：「小草真的會陪我一起長大嗎？」媽媽說：「是的，小寶貝，就像我照顧你，你乖乖的吃有養分的東西，你照顧小草，它乖乖的吸收水分和

花肥，你們都會慢慢長大。」「嗯，我要和小草一起長大，我會乖乖吃飯才可以澆水。」威利點點頭答應媽媽。

小威利現在比較不會再和媽媽討價還價，每天都乖乖的坐好，吃完媽媽準備的食物，爸爸在小威利房間的牆壁上貼上一張身高尺，記下小威利現在的身高和體重，想讓小威利知道自己長大的情形。小威利每天也很認真的在陽臺上陪媽媽一起照顧花草，尤其是他的小白紋草，他小聲的對白紋草說：「小草呀，你要陪我一起長大喔！」

家裡的小寶貝如果不喜歡吃東西，對爸爸媽媽來說，再也痛苦不過了，因為會擔心寶寶吃得不夠，長不高、沒長肉、更擔心他沒有抵抗力，有的小朋友對玩的興趣比對吃的興趣更高，有時候還真的很令人頭痛呢。

故事中的小威利就是典型的「重玩不重吃」的孩子，比較沒有辦法好好吃完媽媽準備好的份量，這時，必須稍微利誘一下，引導他多吃一些。和他約定在一定時間吃完，可以有神秘小禮物（例如：貼紙或可愛文具）；嚴格控制家中的零食，避免零食喧賓奪主；謹慎而客氣的向親朋好友建議，不需要再帶任何糖果餅乾給寶寶當禮物；以寶寶小時候的照片，鼓勵寶寶多吃可以長更快些；幫寶寶準備可愛的餐具，使寶寶可以專心坐在餐桌上完成用餐；協助寶寶照顧小植物，讓他體會營養和長大的關聯。有些招數，對某些寶寶有效，媽媽必須一項一項試試看，看寶寶最在意的是什麼，再以它為誘導的方向。

水果立大功——維生素C的故事

好久好久以前，大約距離現在約兩百多年前，那時候，如果要到很遠很遠的地方旅行，就得坐船橫跨過大海，才可以到達另外一個陸地。

歐洲有一些國家的人民，為了想到不同的地方探險，他們打造了許多堅固的船隻，找了許多身強體壯的水手，航向遙遙無際的大海。在大海裡，船長和水手們憑著月光和星座的指引，利用船上的風帆、和水手們齊心協力的用力划槳，讓船隻順利航行。

船長在出發前，船上的廚師已經準備了許多食物，帶了雞、鴨、預先醃製好的牛肉或豬肉、麵粉、馬鈴薯，還有大量的水，讓船上所有的水手可以填飽肚子，有力氣划槳。

在茫茫大海中前進了兩個多月，仍然還沒有看到任何陸地，水手們卻開始一個接著一個的生病了。水手們常常需要搬負好重的東西，並且把風帆的繩索固定妥當，現在健壯的手和腳上，卻出現了因為碰撞或搬負產生的紫斑；有的水手開始病厭厭的，再也沒有那麼多力氣；有的水手的牙齒竟然會流血；有的水手本來只是輕微的感冒，卻一病不起。船上每個人都擔心，是不是大海中的神秘力量，阻撓他們來尋訪新大陸。

船長霍克和船上的醫師李爾非常擔心，如果再找不出原因，所有的船員會越來越沒有鬥志，也會越來越相信這些沒有證據的傳說，讓水手們更加退縮，這樣一來，找到新大陸的夢想就沒有辦法順利達成了。

一天清晨，船長發現了有另一艘船隻正在不遠的地方航行，他們立刻打開風帆，順著風勢迎了上去，對方並不是海盜船，是一艘來自英國的船隻。船上的水手很熱情的向他們打招呼，每個人都精神奕奕。李爾醫師覺得好納悶，如果依照航程，這艘船也應該已經出海二個多月了，為什麼他們的水手還是看來精神飽滿，一點疲倦的感覺都沒有呢。

李爾醫生說：「你們好，我是李爾，是船上的醫生，請問我可以到你們船上看看嗎？」英國船隻上的船長回答：「你好，我是傑瑞船長，歡迎歡迎。」

李爾醫師登上了傑瑞船長的船，映入眼簾的除了有雞和鴨，還有柳橙和檸檬在船上

ELCO

呢。李爾醫師問：「請問這些柳橙也是水手們的食物嗎？」傑瑞船長說：「是的，我們聽說，只要在航海時讓水手們吃些柳橙，喝些檸檬汁，水手們可以一直保持很好的體力，所以這趟航行就把柳橙和檸檬帶上船了。」李爾醫師一聽，又驚又喜，問：「所以這趟航行，你的水手就沒有出現紫斑、牙齒出血的情況了嗎？」傑瑞船長回答：「沒有，就如你看到的，船員們的狀況都很好，我們很有信心可以完成這趟旅程。」李爾醫師向傑瑞船長道謝後，回到船上向霍克船長報告，看著同甘共苦的水手們，決定向傑瑞船長買些柳橙和檸檬，讓船員試用看看。

順利買到了柳橙和檸檬，向傑瑞船長和他們的船員道

謝和再見後，李爾醫師立即請廚師將檸檬榨汁，分給夥伴們食用，接下來的航程中，果真水手們都漸漸的康復了。船長傑瑞並且決定，為了水手們的健康，先行返航，等準備好更充分、更健康的食物，再行出航。到時候，一定會有一批更健康的水手，陪著他向世界的另一端探險。

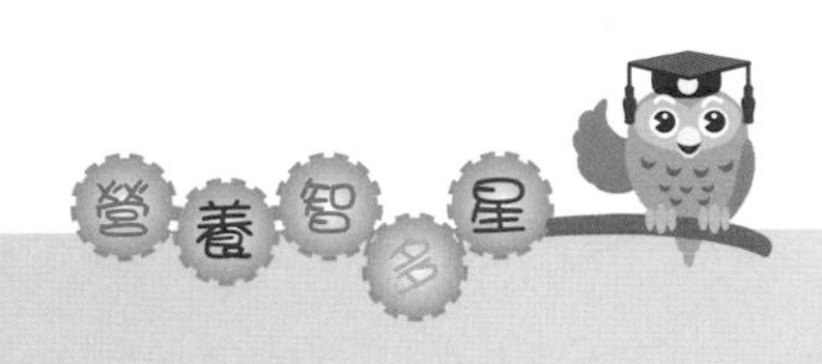

許多營養素的發現，一開始都是經過疾病的發生、食物的治療，才開始抽絲剝繭的歸納和找出可能因素。當時人們雖然知道吃柳橙與檸檬等可以預防或治療「壞血病」，卻還不知道到底是何方神聖，可以提供身體這樣的保護作用。一直到二十世紀初，透過前人的研究經驗傳承，與陸續發展的新研究儀器和技術，讓維生素C與壞血病的關聯性，總算可以撥雲見日。一直到今天，維生素C仍是醫學界的研究主題之一，並且在對抗自由基與癌化反應的預防醫學上，仍然佔有舉足輕重的地位。

這個故事主要提供的概念是維生素C的發現歷程，但因為許多史績的不可考，所以在人名的使用上僅供參考。和小朋友分享時，主要還是描述缺乏維生素C時的症狀，和哪些食物可以提供豐富的維生素C，例如：柑橘類、綠豆芽、甘藍菜、花椰菜、奇異果、芭樂、木瓜、小番茄、草莓和文旦等新鮮蔬果。維生素C在體內可以建構出「結締組織」，結締組織是身體非常重要的物質，細胞與細胞間可以緊密安全的結合，就必須靠結締組織幫大忙，而且結締組織也可以適度的提供對血管的保護，讓微血管有一個很好的緩衝，不會因為外力的擠壓，就導致血管容易破裂而出血。另外，維生素C也肩負了幫助鐵質在體內的吸收、免疫系統的功能之一、對抗自由基的攻擊……等身體內的重要防禦機制，因此，更要鼓勵小朋友多吃新鮮的水果，讓自己每天都漂亮「CC」。

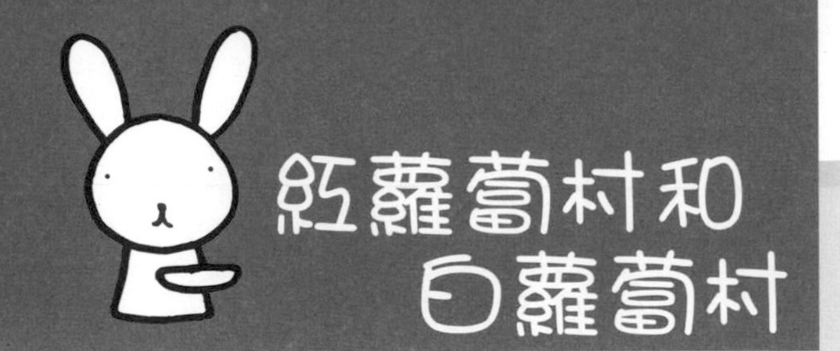

紅蘿蔔村和白蘿蔔村

——維生素A的故事

從前從前，在一個鄉下地方，有兩個鄰近的村莊，這兩個村莊長年務農，村民守著自己的田地，辛苦的耕種。

兩個村莊裡雖然都種了農作物，但是種的種類不太相同：第一個村莊裡除了種稻米，他們還種了最喜歡的紅蘿蔔，村民都戲稱自己的村為「紅蘿蔔村」；另一個村莊也種稻米，但是他們另外種的是白蘿蔔，他們生產的白蘿蔔可很有名呢，所以村民也很樂於被稱為是「白蘿蔔村」。

紅蘿蔔村的村民，每天雖然很辛苦的在田裡面忙，鋤草、灌溉、鬆土、施肥，每一步驟都要很小心的做好，村民們希望自己種的稻米除了可以自給自足外，還可以賣個好價錢。至於紅蘿蔔，村民更是當成寶，因為整片青綠色的紅蘿蔔田裡，雖然看不到地底下

的紅蘿蔔，但是只要到了收成時間，從土裡挖出的紅蘿蔔又大又紅，常常讓家裡的老老少少，興奮得不得了，因為新鮮的紅蘿蔔，經過媽媽的巧手一煮，馬上就成了香甜可口的菜餚，好香好甜喔。

白蘿蔔村的村民，對自己的產品也很自豪，他們產的白蘿蔔遠近馳名，從土裡挖出的白蘿蔔，各個巨大無比、晶瑩剔透，連生吃時都有特殊的甜味。每年只要鄉裡舉行的農產比賽，白蘿蔔村總是可以得到第一名，讓每個村民都更盡心盡力照顧自己田裡的白蘿蔔。

漸漸的，白蘿蔔村的村民因為覺得自己的白蘿蔔所向無敵，又甜又好吃，因此不再吃紅蘿蔔和其他青菜了，只

大豐收

吃自己生產的白蘿蔔。為了讓白蘿蔔可以長得更棒更甜，村民們一大早起床就到田裡巡一巡白蘿蔔田，鋤草、灌溉、鬆土、施肥；中午又繞了一回、傍晚又看了一次，甚至連晚上睡覺前，還得再巡一次，村民們才會放心。

紅蘿蔔村的村民，也很盡心盡力的照顧紅蘿蔔田，他們也習慣一天至少到田裡忙個三、四回，甚至，在晚上巡完田地後，還會邀著街坊鄰居，一同賞月看星星呢。大家看著滿天的星星，天南地北的聊著，非常快樂。

可是，奇怪的事發生了，白蘿蔔村的村民在晚上出門時，發現眼力變差了，幾乎看不見太遠的地方，有些村民

甚至因為要夜巡田地，而跌落到田邊的水溝中，幸好只是皮肉傷，並沒有傷到筋骨，可是卻已經把白蘿蔔村的村民嚇出一身冷汗。因為，所有的村民都知道，自己在晚上真的看不清楚，所以為了避免受傷，白蘿蔔村的村民，都只好在入夜後，乖乖的待在家裡。

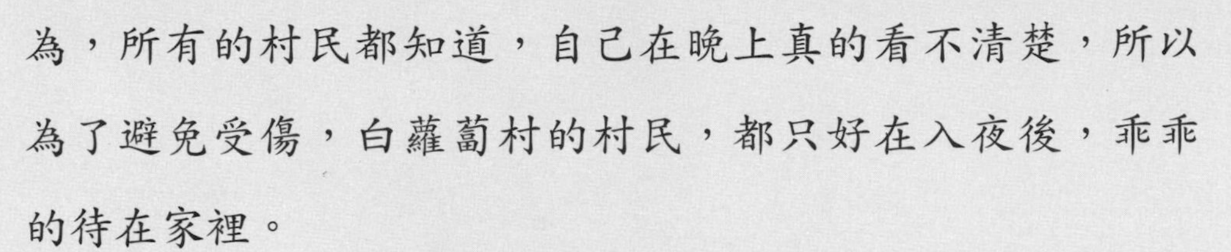

有一天，鄉裡的各個村長一同聚集在一起，討論農產品比賽的事情，談著談著，不知不覺中，天色已經黑了，白蘿蔔村的村長開始緊張起來，因為擔心看不到路而沒辦法順利返家。紅蘿蔔村的村長看到白蘿蔔村村長有些慌張，於是問他：「你怎麼了？身體不舒服嗎？」白蘿蔔村村長說：「我在晚上看不

清楚，年紀老了，不重用了。」

紅蘿蔔村村長笑著說：「老弟啊，我的年紀還比你多上一截呢，我都不覺得老了。這樣吧，我陪你慢慢走回家吧！」

回程中，先到了紅蘿蔔村，白蘿蔔村村長眼前一片霧茫茫，只看到些人影晃來晃去，原來是紅蘿蔔村的村民正巡田返家，坐在庭院前聊起天來了。白蘿蔔村長問：「你們那麼晚了，都還在外頭聊天啊？」紅蘿蔔村民笑著回答：「是啊，聊聊天，看看星星和夜空，心情涼爽多了。」

沒想到白蘿蔔村長大大嘆了口氣，說：「我們村的村民，最近大家眼力都變差了，晚上也不敢隨便跑出來，都

怕看不清楚路而摔著了，更不要說是看夜空的景色了！」

這下子，紅蘿蔔村村長才發現，原來是整個白蘿蔔村村民的眼睛，看來都出了些問題。可是大家百思不解，想不通為什麼好端端的會變成這樣。這時候，有個聰明的村民，提議白蘿蔔村村長，想一想在白蘿蔔村裡，村民都吃了些什麼食物。

經過了一陣子的思考，兩位村長開始列出村民們常吃的各種食物：稻米、雞、鴨、玉米，紅蘿蔔村的村民，雖然主要種了紅蘿蔔，但也種了許多種青菜，每種青菜村民都吃得到。而白蘿蔔村這邊呢，自從多次比賽讓白蘿蔔得了冠軍，村裡的村民都只種白蘿蔔，而且村民也只吃白蘿

蔔，其他的青菜都少了好多好多。

紅蘿蔔村村長想了想，可能就是白蘿蔔村的人太愛面子了，才會這麼不喜歡種植和食用其他種類的蔬菜。於是，好心的紅蘿蔔村民馬上從庭院裡拿出剛剛巡田地時採下的各種新鮮蔬菜，幾個村民陪著白蘿蔔村村長，一同回到白蘿蔔村，並且由村長說明，把蔬菜發給白蘿蔔村村民，希望大家可以不再只吃白蘿蔔了。

又過了一段時間，白蘿蔔村的村民漸漸喜歡種一些別的蔬菜了，他們也吃了這些不同口味的蔬菜，在不同的口味間，覺得每種蔬菜都很美味呢！他們的眼力竟然也慢慢恢復了，又開始可以在晚上出來巡

一巡田地，有時候，還會呼朋引伴的逛到紅蘿蔔村，找朋友一起看星空聊天呢！

雖然他們的白蘿蔔仍然又大又甜，可是，他們再也不會因為很會種白蘿蔔而驕傲自滿，現在的村民，很樂於告訴別村的村民，怎麼照顧好白蘿蔔，和所有鄉里的村民，都變成了很好很好的朋友。

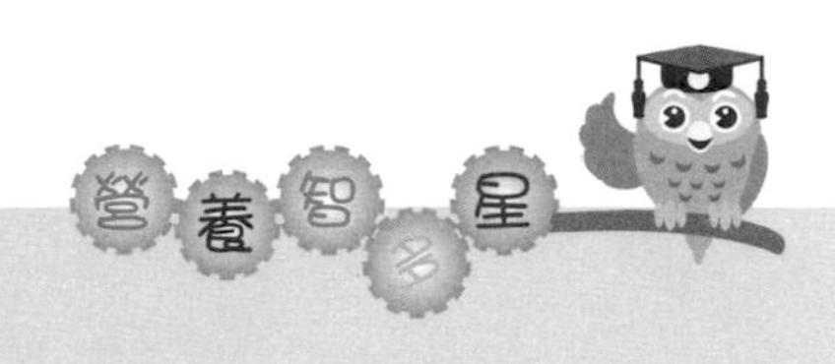

在古時候，有智慧的老祖先對於晚上看不見的視力問題，就已經知道利用動物的肝臟、番茄、紅蘿蔔、各種綠色蔬菜……等菜餚，來幫忙解決「夜盲」的症狀。雖然當時不知到底是什麼物質，給了眼睛幫忙，但對於症狀的解決和預防，的確產生了明顯的效果。

夜盲的問題，也同時出現在西方社會。西方的醫學科學後來在二十世紀初，分離出肝臟中所含有的神奇物質，並稱它為「維生素A」，它是第一個被發現的脂溶性維生素。因為維生素A的發現，有效的抑止了夜盲症的發生，成為二十世紀初，公共衛生營養上的重要突破。而後續的研究也陸續發現，如果持續補充人體大量維生素A，因為它脂溶性的特質，很容易堆積在人的肝臟，反而造成肝臟的負擔。後來發現，綠色植物、紅蘿蔔、番茄等植物性食物中，也有了某些物質可以具有防治夜盲症的能力，經過分離純化等步驟後，才發現有個類胡蘿蔔家族，可以在身體轉化成需要的維生素A。

這些由植物攝取而來的類胡蘿蔔素，可以儲存在肝臟，當身體需要維生素A時，會由需要的組織發出訊息，傳回給肝臟，讓肝臟負責分解類胡蘿蔔素，並將產生出來的維生素A，透過循環系統送到需要的器官或組織，例如：眼睛、皮膚或黏膜。以目前的研究成果來看，身體每天攝取了類胡蘿蔔素，可以安全的儲存在肝臟細胞裡，還沒有出現會造成身體負面影響的報導。然而，一旦儲存太高量時，可能會使眼白處、手掌心，和腳底等部位，出現黃色，就表示可以稍稍降低它的攝取量了。

維生素A和類胡蘿蔔素在身體裡，都各自擔負了重要的保護與調節的功能，例如：眼睛、皮膚、黏膜、免疫系統、遺傳物質等，都會和維生素A或它的衍生物，發生密不可分的關係；各種類胡蘿蔔素，則主要負擔了抗氧化的角色，所以，充足多元的營養，絕對可以讓身體更均衡，更能發揮自我保護力。

附錄一：各大類食物的飲食代換內容

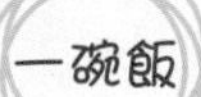

一碗飯＝1個台灣饅頭＝半個山東饅頭
＝1碗熟馬鈴薯＝1碗熟芋頭＝1碗熟地瓜
＝1碗熟紅豆（不含湯和糖）＝1碗熟綠豆（不含湯和糖）
＝2碗白粥（濃稠度適中）＝2碗熟麵條＝2碗熟米粉＝2碗熟冬粉
＝4片薄（全麥或白）土司（約100克）＝4個小餐包（約100克）
＝4片芋頭糕（約240克）＝4片蘿蔔糕（約200克）
＝140克豬血糕＝8張春捲皮（約120克）
＝12張餃子皮（約120克）＝28張餛飩皮（約120克）
＝12片蘇打餅乾（約80克）＝2支約14公分的玉米棒
＝1碗罐頭玉米粒（約280克）＝540克南瓜（未去皮和籽）
＝440克山藥（未去皮）＝200克菱角（約28個）
＝半斤荸薺（約28個）＝200克栗子（約24個）
＝35~40個小湯圓（未包餡）＝1個燒餅
＝12湯匙燕麥片（約80公克）＝2碗米苔目（約240公克）
＝100克乾麵線＝80克乾通心麵或義大利麵條
＝12湯匙麵粉（約80公克）＝7湯匙西谷米（約80公克）

一份肉 =1兩瘦肉（雞肉、鴨肉、鵝肉、豬肉、牛肉；不含骨頭）
=1兩魚肉（不含魚骨）=1兩烏賊、小管、墨魚
=1兩蝦仁=1兩蟹肉=3湯匙肉鬆（約25公克）
=1湯匙小魚乾（約10公克）
=1湯匙蝦米（約10公克）=2湯匙蝦皮（約20公克）
=2湯匙魷魚絲（約15公克）=2小片牛肉乾（約20公克）
=2片培根（約50公克）=3片三明治火腿片（約45公克）
=1條熱狗（約50公克）=1條香腸（約40公克）
=8個鱈魚丸（約80公克）=3個虱目魚丸（約50公克）
=2個貢丸（約40公克）=5個小魚丸（約55公克）
=2個花枝丸（約50公克）=半條魚板（約75公克）
=5根蟹味棒火鍋料（約75公克）
=5個蛋餃火鍋料（約60公克）
=6根花枝餃火鍋料（約55公克）
=6個燕餃火鍋料（約50公克）
=7個蝦餃火鍋料（約65公克）

＝8個魚餃火鍋料（約60公克）
＝1個雞蛋＝2個雞蛋白＝6個鵪鶉蛋（約60公克）
＝1個鹹鴨蛋＝2片三色蛋（約50公克）
＝1塊豆腐（110公克）＝半盒嫩豆腐（約140公克）
＝2個小三角油豆腐（約55公克）
＝2個小方豆乾（約40公克）
＝2湯匙干絲（約35公克）
＝3湯匙素肉鬆（約20公克）
＝4小片素火腿（約50公克）
＝1個小素雞
＝1杯豆漿
＝2杯黑豆漿
＝3湯匙黃豆粉（約20公克）
＝3湯匙味噌（約60公克）
＝1片豆腐皮（約30公克）
＝20公克黃豆＝20公克黑豆＝50公克毛豆＝90公克毛豆莢

一份蔬菜 ＝100公克重的各種新鮮蔬菜

一份水果 ＝1個小青龍蘋果＝1個奇異果
＝1個香吉士＝1柳丁＝1個柑橘
＝1個海梨＝1個西洋梨＝1個世紀梨
＝1個加州李＝1個水蜜桃＝1個加州玫瑰桃
＝1根小型香蕉＝2個中型蓮霧
＝2個棗子＝2個百香果
＝5個山竹＝6顆枇杷
＝8個櫻桃＝8個荔枝
＝10顆草莓＝10～13顆葡萄
＝1湯匙葡萄乾＝12個龍眼
＝20顆聖女番茄＝1/2個楊桃
＝1/2個木瓜＝1/2根大型香蕉
＝1/2個葡萄柚＝1/2個釋迦
＝2/3個美濃香瓜＝1/3個鳳梨釋迦
＝1/3個泰國芭樂＝1/4個芒果
＝1/4個哈密瓜＝3小瓣柚子
＝1/10個西瓜＝1片鳳梨

附錄二：常見食物與食物屬性

食物屬性	蔬菜類	水果類	肉、魚、蛋、豆製品	主食類	油脂類/其他
寒性	蕨菜、紫菜 海帶、瓠瓜 冬瓜、黃瓜 洋菜、茭白筍 苦瓜、空心菜 豆芽	柿子、陳皮 西瓜、甜瓜 香蕉、桑椹 柚子、橘子 香瓜、水梨 葡萄柚、椰子 楊桃、芒果 奇異果	蟹、田螺、鴨、蛤蜊、蚌、豆鼓	荸薺、小麥 蕎麥	所有冰品、醬油 白砂糖
涼性	茄子、絲瓜 油菜、菠菜 莧菜、芹菜 蘑菇、木耳 香菇、金針菇、冬菇、萵苣、小黃瓜、 白木耳、蘆筍	橙、梨、柑、番茄、蓮霧、甘蔗	豆腐	小米、綠豆 菱角、蓮藕 大麥、薏仁	茶葉
平性	洋蔥、扁豆 豌豆、白菜 百合、橄欖 芥菜、甘藍 牛蒡、大頭菜 黑木耳、茼蒿 花椰菜、包心菜 四季豆	李子、葡萄 蘋果、橄欖 枇杷、柳丁 大棗、梅子 無花果、檸檬、木瓜 草莓、鳳梨	黃魚、鯧魚、豬肉 豬腎、鵝肉、豬蹄、燕窩、牛奶 海參、鯉魚、鰻魚、鯽魚、魚翅 貝類、烏賊、豆漿、黃豆、海哲皮	白米、糙米 芋頭、紅豆 玉米、蓮子 黑豆、甘藷 菱角、芡實 枸杞、豌豆 馬鈴薯、栗子	可可、芝麻 黑芝麻、蜂蜜 花生、大豆油 冰糖

食物屬性	蔬菜類	水果類	肉、魚、蛋、豆製品	主食類	油脂類/其他
溫性	油菜、韭菜 刀豆、生薑 芥菜、香菜 大蒜(熟)、栗子 荔枝、蔥 胡蘿蔔、茴香 韭菜	杏子、櫻桃 番石榴、烏梅 桃子、龍眼肉 山楂、荔枝、 金桔	牛肉、雞肉、鹿肉 鱔魚、羊奶、豬肝 豬肚、火腿、鵝蛋 蝦、淡菜	高粱、糯米 南瓜	花生油、薄醋 咖啡、巧克力 紅糖、麥芽糖 沙茶醬
熱性	肉桂、辣椒 花椒、生蒜 芥末、胡椒 乾薑	龍眼乾、榴槤	鱒魚、羊肉、任何 燻炸燒烤食物 麻油雞、薑母鴨 羊肉爐、十全大補 湯、四物湯	高粱、糯米 南瓜	核桃、咖哩、酒

1.寶寶營養DNA，陳永綺著，婦幼家庭出版社，2004年4月。

2.實用營養學，葉寶華等合著，華格那，2003年4月。

3.豆豆健身房，林曼蕙口述、吳靜美、楊珮玲整理，聯合文學，1999年。

4.幼兒按摩，眼藏編著，躍昇文化，1999年7月。

5.改變孩子的壞習慣，董媛卿著，台視文化，2000年11月。

廣　告　回　信
臺灣北區郵政管理局登記證
北 台 字 第 8719 號
免　貼　郵　票

106-□□
台北市新生南路3段88號5樓之6

揚智文化事業股份有限公司　收

□□□-□□
地址：　　市縣　　鄉鎮市區　　路街　段　巷　弄　號　樓
姓名：

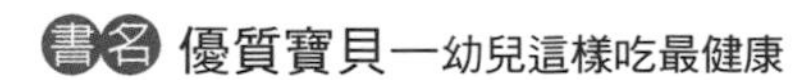

葉子出版股份有限公司

讀・者・回・函

感謝您購買本公司出版的書籍。

爲了更接近讀者的想法，出版您想閱讀的書籍，在此需要勞駕您詳細爲我們填寫回函，您的一份心力，將使我們更加努力！！

1.姓名：__________

2.性別：□男 □女

3.生日／年齡：西元______ 年_____月 _____ 日____歲

4.教育程度：□高中職以下 □專科及大學 □碩士 □博士以上

5.職業別：□學生□服務業□軍警□公教□資訊□傳播□金融□貿易
□製造生產□家管□其他__________

6.購書方式／地點名稱：□書店_____□量販店_____□網路_____□郵購_____
□書展_______□其他____

7.如何得知此出版訊息：□媒體_____□書訊_____□書店_____□其他_____

8.購買原因：□喜歡讀者□對書籍內容感興趣□生活或工作需要□其他

9.書籍編排：□專業水準□賞心悅目□設計普通□有待加強

10.書籍封面：□非常出色□平凡普通□毫不起眼

11. E－mail：______________________________

12喜歡哪一類型的書籍：______________________________

13.月收入：□兩萬到三萬□三到四萬□四到五萬□五萬以上□十萬以上

14.您認為本書定價：□過高□適當□便宜

15.希望本公司出版哪方面的書籍：______________________________

16.本公司企劃的書籍分類裡，有哪些書系是您感到興趣的？

□忘憂草（身心靈）□愛麗絲（流行時尚）□紫薇（愛情）□三色堇（財經）
□ 銀杏（食譜健康）□風信子（旅遊文學）□向日葵（青少年）

17.您的寶貴意見：

____

☆填寫完畢後，可直接寄回（免貼郵票）。
我們將不定期寄發新書資訊，並優先通知您
其他優惠活動，再次感謝您！！

根

以讀者爲其根本

莖

用生活來做支撐

葉

引發思考或功用

獲取效益或趣味